建筑工程管理与施工技术研究

张卫强　刘新军　夏艳春　何玉立　著

中国原子能出版社

图书在版编目（CIP）数据

建筑工程管理与施工技术研究 / 张卫强等著.

北京：中国原子能出版社，2024. 12. -- ISBN 978-7
-5221-3744-5

Ⅰ. TU7

中国国家版本馆 CIP 数据核字第 2024X1C246 号

建筑工程管理与施工技术研究

出版发行	中国原子能出版社（北京市海淀区阜成路 43 号　100048）	
责任编辑	张　磊	
责任印制	赵　明	
印　　刷	北京厚诚则铭印刷科技有限公司	
经　　销	全国新华书店	
开　　本	787 mm×1092 mm　1/16	
印　　张	11.25	
字　　数	180 千字	
版　　次	2024 年 12 月第 1 版　2024 年 12 月第 1 次印刷	
书　　号	ISBN 978-7-5221-3744-5　　　**定　价　78.00 元**	

前　言

在建筑工程项目策划决策与实施过程中，各阶段的任务和实施主体不同，构成了建筑工程项目管理的不同类型。从系统的角度分析，同一类型的项目管理都是在特定条件下，为实现整个建筑工程项目总目标的一个管理子系统。建筑施工具有流动性、工期长、个别性、复杂性等特点。建筑工程管理与施工技术是建筑施工中的重要内容，二者联系密切，相互促进，又相互制约。在实际施工中，二者相互配合，有利于提升建筑工程的整体质量。

本书立足建筑工程管理与施工技术两大方面，由浅入深地对相关内容进行研究。首先，从建筑工程管理概述方面，介绍了建筑施工项目管理、建筑工程项目资源管理、建筑工程项目环境管理，使读者能够深入理解建筑工程管理的重点内容；其次，探讨了我国建筑工程施工技术发展概况、砌筑工程、混凝土结构工程施工以及装饰工程及其施工技术。本书可供建设施工人员、设计人员、质检人员、安全人员等阅读参考，为建筑工程的管理以及施工技术全面提升提供帮助。

笔者在撰写本书的过程中参考了一些专家和学者的著作或文章，在此表达诚挚的感谢。由于水平有限，仍有许多不足之处，希望广大读者批评指正。

目　　录

第一章　建筑工程管理概论……………………………………………………… 1

　　第一节　建筑工程管理基础…………………………………………………… 1

　　第二节　建筑工程管理制度………………………………………………… 19

第二章　建筑项目管理概论…………………………………………………… 32

　　第一节　建筑项目管理的发展背景………………………………………… 32

　　第二节　建筑工程项目管理概述…………………………………………… 35

　　第三节　建筑工程项目管理的基本内容…………………………………… 39

　　第四节　建筑工程项目管理主体与任务…………………………………… 43

第三章　建筑工程项目资源管理…………………………………………… 49

　　第一节　建筑工程项目资源管理概述……………………………………… 49

　　第二节　建筑工程项目资源管理内容……………………………………… 55

　　第三节　建筑工程项目资源管理优化……………………………………… 67

第四章　建筑工程环境管理………………………………………………… 75

　　第一节　建筑工程施工现场环境管理……………………………………… 75

　　第二节　建筑施工人员健康安全管理……………………………………… 84

第三节　建筑工程环境管理与绿色施工 ·············· 90

第五章　我国建筑工程施工技术发展概况 ·············· 100

第一节　我国建筑工程施工技术的发展 ·············· 100

第二节　建设项目的建设程序以及建筑工程的划分 ········· 104

第三节　建筑工程施工技术的特点与方法 ············ 106

第四节　建筑工程施工技术标准规范、规程及工法 ·········· 112

第六章　砌筑工程施工 ························· 115

第一节　砌筑工程施工准备工作 ················· 115

第二节　砌筑工程的类型与施工 ················· 118

第三节　砌筑工程的质量及安全 ················· 125

第七章　结构工程施工 ························· 127

第一节　钢筋工程施工 ······················ 127

第二节　混凝土工程施工 ····················· 140

第三节　大体积混凝土施工 ···················· 155

第四节　框剪结构混凝土施工 ··················· 159

第八章　装饰工程及其施工技术 ·················· 163

第一节　抹灰工程及其施工技术 ················· 163

第二节　饰面安装及其施工技术 ················· 167

第三节　裱糊工程及其施工技术 ················· 169

参考文献 ····························· 172

第一章　建筑工程管理概论

第一节　建筑工程管理基础

一、建筑工程管理类型与任务

（一）工程管理类型

在建筑工程项目策划决策与实施过程中，各阶段的任务和实施主体不同，构成了建筑工程项目管理的不同类型。从系统的角度分析，同一类型的项目管理都是在特定条件下，为实现整个建筑工程项目总目标的一个管理子系统。

1. 业主方项目管理

业主方的项目管理是全过程的，包括项目策划决策与建设实施阶段的各个环节。由于建设工程项目属于一次性任务，业主或建设单位自行进行项目管理往往存在很大的局限性。首先，在技术和管理方面，业主或建设单位缺乏配套的专业化力量；其次，即使业主或建设单位配备完善的管理机构，没有连续的工程任务也是不经济的。在计划经济体制下，每个建设单位都设有一个筹建处或基建处来管理工程建设，这样无法做到资源的优化配置和动态管理，而且不利于建设经验的积累和应用。在市场经济体制下，业主或建设单位完全可以依靠专业化、社会化的工程项目管理单位，为其提供全过程或若干阶段的项目管理服务。当然，在我国工程建设管理体制下，工程监理单位接受工程建设单位委托实施监理，也属于一种专业化的工程项目管理服务。值得指出的是，与一般的工程项目管理咨询服务不同，我国的法律法规赋予工程监理单位、监理工程师更多的社会责任，特别是建设工程质量管理、安全生产管理方面的责任。事实上，业主方项目管理，既包括业主或建设单位自身的项目管理，也包括受其委托的工程监理单位、工程项目管理单位的项目管理。

2. 工程总承包方项目管理

在工程总承包（如设计－建造，D&B；设计－采购－施工，EPC）模式下，工程总承包单位将全面负责建设工程项目的实施过程，直至最终交付使用功能和质量标准符合合同文件规定的工程项目。因此，工程总承包方项目管理是贯穿于项目实施全过程的全面管理，既包括设计阶段，也包括施工安装阶段。工程总承包单位为取得预期经营效益，必须在合同条件的约束下，依靠自身的技术和管理优势或实力，通过优化设计及施工方案，在规定的时间内，保质保量地全面完成建设工程项目，全面履行工程总承包合同。建设工程实施工程总承包，对工程总承包单位的项目管理水平提出了更高要求。

3. 设计方项目管理

工程设计单位承揽建设工程项目设计任务后，需要根据建设工程设计合同所界定的工作目标及义务，对建设工程设计工作进行自我管理。设计单位通过项目管理，对建设工程项目的实施在技术和经济上进行全面而详尽的安排，引进先进技术和科研成果，形成设计图纸和说明书，并在工程施工过程中配合施工和参与验收。由此可见，设计项目管理不仅局限于工程设计阶段，而且延伸到了工程施工和竣工验收阶段。

4. 施工方项目管理

工程施工单位通过竞争承揽到建设工程项目施工任务后，需要根据建设工程施工合同所界定的工程范围，依靠企业技术和管理的综合实力，对工程施工全过程进行系统管理。从一般意义上讲，施工项目应该是指施工总承包的完整工程项目，既包括土建工程施工，又包括机电设备安装，最终成功地形成具有独立使用功能的建筑产品。然而，由于分部工程、子单位工程、单位工程、单项工程等是构成建设工程项目的子系统，按子系统定义项目，不但有其特定的约束条件和目标要求，而且是一次性任务。因此，建设工程项目按专业、按部位分解发包时，施工单位仍然可将承包合同界定的局部施工任务作为项目管理对象，这就是广义的施工项目管理。

5. 物资供应方项目管理

从建设工程项目管理的系统角度看，建筑材料、设备供应工作也是建设工程项目实施的一个子系统，有其明确的任务和目标、明确的制约条件以及与项目实施子系统的内在联系。因此，制造商、供应商同样可以将加工生产制造和供应合同所界定的任务，作为项目进行管理，以适应建设工程项目总目标控制的要求。

（二）工程管理任务

工程项目管理是工程项目从规划拟定、项目规模确定、工程设计、工程施工，到建成投产为止的全部过程，涉及建设单位、咨询单位、设计单位、施工单位、行政主管部门、材料设备供应单位等，其主要内容如下。

1. 项目组织协调

组织协调是工程项目管理的职能之一，是实现工程项目目标必不可少的方法和手段。在工程项目的实施过程中，组织协调的内容主要有以下几点。

（1）外部环境协调

与政府部门之间，如规划、城建、市政、消防、人防、环保、城管等部门的协调；资源供应方面，如供水、供电、供热、通信、运输和排水等方面的协调；生产要素方面，如材料、设备、劳动力和资金等方面的协调；社区环境方面的协调。

（2）项目参与单位之间的协调

主要有业主、监理单位、设计单位、施工单位、供货单位、加工单位等。

（3）项目参与单位内部的协调

即项目参与单位内部各部门、各层次之间及个人之间的协调。

2. 合同管理

包括合同签订和合同管理两项任务。合同签订包括合同准备、谈判、修改和签订等工作；合同管理包括合同文件的执行、合同纠纷的处理和索赔事宜的处理工作。在执行合同管理任务时，要重视合同签订的合法性和合同执行的严肃性，为实现管理目标服务。

3. 进度管理

包括方案的科学决策、计划的优化编制和实施有效控制三方面的任务。方案的科学决策是实现进度控制的先决条件，它包括方案的可行性论证、综合评估和优化决策。只有决策出优化的方案，才能编制出优化的计划。计划的优化编制，包括科学确定项目的工序及其衔接关系、持续时间、优化编制网络计划和实施措施，是实现进度控制的重要基础。实施有效控制包括同步跟踪、信息反馈、动态调整和优化控制，是实现进度控制的根本保证。

4. 投资控制

投资控制包括编制投资计划、审核投资支出、分析投资变化情况、研究投资减少途径和采取投资控制措施五项任务。前两项属于投资的静态控制，后三项属于投资的动态控制。

5. 质量控制

质量控制包括制定各项工作的质量要求及质量事故预防措施，各方面的质量监督与验收制度，以及各个阶段的质量管理和控制措施三方面的任务。制定的质量要求应具有科学性，质量事故预防措施要具备有效性。质量监督和验收包括对设计质量、施工质量及材料设备质量的监督和验收，要严格执行检查制度并加强分析。质量事故处理与控制要对每个阶段均进行严格的管理和控制，并采取细致而有效的质量事故预防和处理措施，以确保质量目标的实现。

6. 风险管理

随着工程项目规模的不断大型化和技术复杂化，业主和承包商所面临的风险越来越大。工程建设的客观现实告诉人们，要保证工程项目的投资效益，就必须对项目风险进行定量分析和系统评价，以提出风险防范对策，形成一套有效的项目风险管理程序。

7. 信息管理

信息管理是工程项目管理工作的基础工作，是实现项目目标控制的保证，其主要任务就是一边及时、准确地向项目管理各级领导、各参加单位及各类人员提供所需的综合程度不同的信息，一边在项目进展的全过程中，动态地进行项目规划，迅速正确地做出各种决策，并及时检查决策执行情况，反映工程实施中暴露出来的各类问题，为项目总目标控制服务。

8. 安全管理

安全管理贯穿整个建设工程的始终，在建设工程中要形成"安全第一，预防为主"的理念，一开始就要确定项目的最终安全目标，制订项目的安全保证计划。

（三）工程项目管理模式

工程项目管理模式，是指将工程项目作为一个系统，通过一定的组织和管理方式，使系统能够正常运行，并确保其目标得以实现。选择合适的工程项目管理模式对工程项目的成功实施至关重要。工程项目管理模式的选择，不仅要考虑工程项目管理模式本身的优劣，更要依据建设单位特点、项目自身特性、建设环境、项目规模、技术难易程度、设计文件完善程度、进度和工期控制要求、计价方式、项目管理风险以及项目的不确定性等诸多方面进行综合考虑和选择。

1. 工程项目管理模式的选择

各种工程项目管理模式是在国内外长期实践中形成并得到普遍认可的，还在不断地进行创新和完善。每种模式都有其优势和局限性，适用于不同种类的工程项目管理。项目建设单位可根据工程项目的特点，综合考虑选择合适的工程项目管理模式。建设单位在选择项目管理模式时，应考虑的主要因素包括以下 6 点：

① 项目的复杂性和对项目的进度、质量、投资等方面的要求；

② 投资、融资有关各方对项目的特殊要求；

③ 法律法规、部门规章以及项目所在地政府的要求；

④ 项目管理者和参与者对该管理模式的认知和熟悉程度；

⑤ 项目的风险分担，即项目各方承担风险的能力和管理风险的水平；

⑥ 项目实施所在地建设市场的适应性，即在市场上能否找到合格的实施单位（施工承包单位、管理单位等）。

一个项目也可以选择多种项目管理模式。当建设单位的项目管理能力比较强时，也可将一个工程项目划分为几个部分，分别采用不同的项目管理模式。通常，工程项目管理模式由项目建设单位选定，但总承包单位也可选用一些适合自身需要的项目管理模式。

2. 建设单位项目管理模式

目前，项目建设单位委托专业项目管理单位进行工程项目管理的模式越来越受到关注与认同。不仅业内最早从事工程项目全过程管理的少数专业项目管理单位的规模和业务量逐步扩大，而且业内传统的工程监理、招标代理、工程造价等咨询单位也开始涉足项目建设单位项目管理业务。一个新兴的行业正在我国各地不断地发展壮大。

建设单位项目管理模式是建设单位进行工程项目建设活动的组织模式，它决定了工程项目建设过程中各参与方的角色和合同关系。建设单位是工程项目的总策划者、总组织者和总集成者，其管理模式决定了工程项目管理的总体框架和项目各参与方的职责、义务、风险责任等。建设单位应根据其项目管理的能力水平及工程项目的目标、规模和复杂程度等特点，合理选择工程项目管理模式。目前，国内项目建设单位管理模式主要包括建设单位自行管理模式、建设单位委托管理（PM、PMC）模式和一体化项目管理团队

（IPMT）模式等。

（1）建设单位自行管理模式

建设单位自行管理是指建设单位主要依靠自身力量进行项目管理，即自行设立项目管理机构，并将项目管理任务交由该机构承担。在计划经济时期，建设单位通常是组建一个临时的基建办、筹建处或指挥部等，自行管理工程项目建设。项目建成后，项目管理机构随之解散，人员从哪儿来就回哪儿去。这种管理模式已经不能适应目前的工程项目建设。采用建设单位自行管理模式，前提条件是建设单位要拥有相对稳定的、专业化的项目管理团队和较为丰富的项目管理经验。在建设单位不具备自行招标的规定条件时，还需委托招标代理单位承担项目招标采购工作。根据工程项目实行政府主管部门审批、备案或核准的需要，可能还需委托工程咨询单位承担编制项目建议书及可行性研究报告等工作。

采用建设单位自行管理模式，可以充分保障建设单位对工程项目的控制，随时采取措施来保障建设单位利益的最大化；可以减少对外合同关系，有利于工程项目建设各阶段、各环节的衔接和提高管理效率；但也具有组织机构庞大、建设管理费用高等缺点，对于缺少连续性工程项目的建设单位而言，不利于管理经验的积累。

这种管理模式一般适用于以下三种情况：

① 建设单位常年进行工程项目投资建设，拥有稳定的、专业化的工程项目管理团队，具有与所投资项目相适应的管理经验与能力；

② 投资较小，建设周期较短，建设规模不大，技术不太复杂的工程项目；

③ 具有保密等特殊要求的工程项目。

如不属于这三种情况，建设单位宜委托专业化、社会化的工程项目管理单位来承担项目管理工作。

（2）建设单位委托管理模式

近年来，由于社会分工体系进一步深化，工程项目建设规模、技术含量不断增大，工程项目建设对专业化管理的要求也越来越迫切，委托专业化的项目管理单位进行项目管理已成为一种趋势。

① 项目管理服务 PM 模式

PM 管理模式属于咨询型项目管理服务，建设单位不设立专业的项目管理机构，只派出管理代表主要负责项目的决策、资金筹措和财务管理、采购和合同管理、监督检查和协调各参与方工作衔接等工作，而将工程项目的实施工作委托给项目管理单位。建设单位是项目建设管理的主导者、重大事项的决策掌握者。项目管理单位按委托合同的约定承担相应的管理责任，并得到相对固定的服务费，在违约情况下以管理费为基数承担相应的经济赔偿责任。项目管理单位不直接与该项目的总承包单位或勘察、设计、供货、施工等单位签订合同，但可以按合同约定，协助建设单位与工程项目的总承包单位或勘察、设计、供货、施工等单位签订合同，并受建设单位委托监督合同的履行。

该模式由项目管理单位代替建设单位进行管理与协调，往往从项目建设一开始就对项目进行管理，可以充分发挥项目管理单位的专业技能、经验和优势，形成统一、连续、系统的管理思路。但增加了建设单位的额外费用，建设单位与各承包单位（设计单位、施工承包单位）之间设置了管理层，不利于沟通，项目管理单位的职责不易明确。因而，主要用于大型项目或复杂项目，特别适用于建设单位管理能力不强的工程项目。

在我国工程项目建设中，一些建设单位根据项目管理单位具备相应的资质和能力，将其他相关咨询工作委托给该项目管理单位一并承担，如工程监理、工程造价咨询等。目前，我国建设主管部门提倡和鼓励建设单位将工程监理业务委托给该项目管理单位，实行项目管理与工程监理一体化模式，但该项目管理单位必须具备相应的工程监理资质和能力。采用一体化模式，可减少工程项目实施过程中的管理层次和工作界面，节约部分管理资源，达到资源最优化配置；可使项目管理与工程监理沟通顺畅，充分融合，高度统一，决策迅速，执行力强，项目管理团队与监理团队分工明确，职责清晰，工程质量容易得到保证。

② 项目管理承包 PMC 模式

PMC 模式属于代理型项目管理服务。一般情况下，PMC 管理承包单位不参与具体工程设计、施工，而是将项目所有的设计、施工任务发包出去，PMC 管理承包单位与各承包单位签订承包合同。

PMC 模式下，建设单位与 PMC 管理承包单位签订项目管理承包合同，PMC 管理承包单位对建设单位负责，与建设单位的目标和利益保持一致。建设单位一般不与设计、施工承包单位和材料、设备供应单位等签订合同，但对某些专业性很强的工程内容和工程专用材料、设备，建设单位可直接与其专业施工承包单位和材料、设备供应单位签订合同。

PMC 模式可充分发挥项目管理承包单位在项目管理方面的专业技能，统一协调和管理项目的设计与施工，可减少矛盾；项目管理承包单位负责管理整个项目的实施阶段，有利于减少设计变更；建设单位与项目管理承包单位的合同关系简单，组织协调比较有力，可以提早开工，缩短项目工期。但由于建设单位与施工承包单位没有合同关系，施工控制难度较大；建设单位对工程费用也不能直接控制，存在很大风险。

PMC 模式是一种管理承包的方式，项目管理单位不仅承担合同范围内管理工作，还对合同约定的管理目标进行承包，如不能实现管理目标，该项目管理单位将承担以管理承包费用为基数的经济处罚。在项目实施过程中，由于管理效果显著使项目建设单位节约了工程投资的，可按合同约定给予项目管理单位一定比例的奖励；反之，如果由于管理失误导致工程投资超过委托合同约定的最高目标值，则项目管理单位要承担超出部分的经济赔偿责任。

采用 PMC 管理承包模式，建设单位通常只需组织一个精干的管理班子，负责工程项目建设重大事项的决策、监督和资金筹措，工程项目建设管理活动均委托给专业化、社会化的项目管理单位承担。

（3）一体化项目管理团队 IPMT 模式

一体化项目管理团队 IPMT 模式是指建设单位和专业化的项目管理单

位分别派出人员组成项目管理团队，合并办公，共同负责工程项目的管理工作。这既能充分运用项目管理单位在工程项目建设方面的经验和技术，又能体现建设单位的决策权。IPMT 管理模式是融合咨询型项目管理 PM 模式和代理型项目管理 PMC 模式的特点而派生出的一种新型的项目建设管理模式。

目前，在我国工程项目的建设过程中，建设单位很难做到将全部工程项目建设管理权委托给项目管理单位。建设单位虽然通常都设有较小的管理机构，但往往不具有承担相应项目管理的经验、能力和规模，而建设单位又无意解散自己的机构。

在这种情况下，建设单位可聘请一家具有工程项目管理经验和能力的项目管理单位，并与聘请的项目管理单位组成一体化项目管理团队，起到优势互补、人力资源优化配置的作用。

采用一体化管理模式，建设单位既可在工程项目实施过程中不失决策权，又可较充分地利用工程项目管理单位经验丰富的人才优势和管理技术。在进行项目全过程的管理中，建设单位把工程项目建设管理工作交给经验丰富的管理单位，自己则把主要精力放在项目决策、资金筹措上，有利于决策指挥的科学性。由于项目管理单位人员与建设单位管理人员共同工作，可减少中间上报、审批的环节，使项目管理工作效率大幅提高。

IPMT 管理模式中由于建设单位拥有项目建设管理的主动权，对项目建设过程中的质量情况了如指掌，可减少双方工作交接的困难与时间，在项目后期也有助于解决一些由建设单位运营管理而项目管理单位对运营不够专业的问题。IPMT 管理模式可避免建设单位因项目建设需要而引进大量建设人才和工程项目建设完成后这些人员需重新安排工作的问题。

但采用这种管理模式的最大问题是，由于两个管理团队可能具有不同的企业文化、工资体系、工作系统，因此，机构的融合存在风险，双方的管理责任也很难划分清楚，还存在项目管理单位派出人员中的优秀人才被建设单位高薪聘走的风险。

二、建筑工程项目经理

（一）项目经理的设置

项目经理是指工程项目的总负责人。项目经理包括建设单位的项目经理、咨询监理单位的项目经理、设计单位的项目经理和施工单位的项目经理。鉴于工程项目的承包和发包模式存在差异，因此项目经理的配置方法也会有所不同。如果一个工程项目是分阶段进行发包的，那么建设单位、咨询监理单位、设计单位和施工单位应该各自指定一个项目经理，这些项目经理将代表各自单位的利益，承担各自单位的项目管理责任。

如果一个工程项目采用了设计、施工和材料设备采购的一体化承包方式，那么工程的总承包单位应当指派一个统一的项目经理，来对整个工程项目的建设和实施过程承担全部责任。随着工程项目管理向集成化的方向发展，我们应该鼓励指派一个全程负责的项目经理。

建设单位的项目经理。建设单位的项目经理是由建设单位（或项目法人）指派的，负责领导和组织一个完整的工程项目建设的总负责人。对于某些小规模的工程项目，可以选择一个人来担任项目经理。对于那些具有大规模、长工期和技术复杂性的工程项目，建设单位有权指派分阶段的项目经理，例如在准备阶段、设计阶段和施工阶段的项目经理。

当一个工程项目的复杂性增加，而建设单位又缺乏足够的人手来组建一个能够有效执行项目管理职责的机构时，咨询和监理单位的项目经理需要将项目管理服务委托给咨询单位来提供。咨询机构有责任指派项目经理，并建立项目管理部门，以确保根据项目管理合同履行其职责。对于需要监理的工程项目，工程监理单位也应该指派项目经理——总监理工程师，并建立项目监理机构来履行监理职责。显然，当咨询和监理单位为建设单位提供整合工程监理与项目管理的服务时，只需要指派一个项目经理来全权负责工程监理和项目管理服务。对于建设单位来说，即便是通过咨询监理单位，也需要建立一个以自己的项目经理为领导的项目管理机构。由于在工程项目的建设阶段，仍有大量的关键问题需要建设单位来做出决策，因此咨询监理机构不能完全替代建设单位来执行其职责。

设计单位的项目经理。在设计单位中，项目经理被定义为负责领导和组织工程项目设计的主要负责人，他们的主要任务是对整个工程项目设计流程进行全面的规划、监控以及建立联系。从设计的视角，设计单位的项目经理主导工程项目的总体目标。

施工单位的项目经理。施工单位的项目经理是负责领导和组织工程项目施工的主要负责人，他们在施工现场扮演着最高的责任和组织角色。在工程项目的施工过程中，施工单位的项目经理不仅要严格控制质量、成本和进度目标，还需承担安全生产管理和环境保护的责任。

（二）项目经理的任务与责任

1. 项目经理的任务

（1）施工方项目经理的职责

项目经理在承担工程项目施工管理过程中，履行下列职责：

① 贯彻执行国家和工程所在地政府的有关法律法规和政策，执行企业的各项管理制度；

② 严格财务制度，加强财经管理，正确处理国家、企业与个人的利益关系；

③ 执行项目承包合同中由项目经理负责履行的各项条款；

④ 对工程项目施工进行有效控制，执行有关技术规范和标准，积极推广应用新技术，确保工程质量和工期，实现安全、文明生产，努力提高经济效益。

（2）施工方项目经理应具有的权限

项目经理在承担工程项目施工管理的过程中，应当按照建筑施工企业与建设单位签订的工程承包合同，与本企业法定代表人签订"项目管理目标责任书"，并在企业法定代表人授权范围内，负责工程项目施工的组织管理。施工方项目经理应具有下列权限：

① 参与企业进行的施工项目投标和签订施工合同；

② 经授权组建项目经理部，确定项目经理部的组织结构，选择、聘任管理人员；确定管理人员的职责，并定期进行考核、评价和奖惩；

③ 在企业财务制度规定的范围内，根据企业法定代表人授权和施工项目管理的需要，决定资金的投入和使用，决定项目经理部的计酬办法；

④ 在授权范围内，按物资采购程序性文件的规定行使采购权；

⑤ 根据企业法定代表人授权或按照企业的规定选择、使用作业队伍；

⑥ 主持项目经理部工作，组织制定施工项目的各项管理制度；

⑦ 根据企业法定代表人授权，协调和处理与施工项目管理有关的内部与外部事项。

（3）施工方项目经理的任务

施工方项目经理的任务包括项目的行政管理和项目管理两个方面，其在项目管理方面的主要任务：施工安全管理、施工成本控制、施工进度控制、施工质量控制、工程合同管理、工程信息管理和与工程施工有关的组织与协调等。

2. 项目经理的责任

施工企业项目经理的责任应在"项目管理目标责任书"中加以体现。经考核和审定，对未完成"项目管理目标责任书"确定的项目管理责任目标或造成亏损的，应按其中有关条款承担责任，并接受经济或行政处罚。"项目管理目标责任书"应包括下列内容：

① 企业各业务部门与项目经理部之间的关系；

② 项目经理部使用作业队伍的方式，项目所需材料供应方式和机械设备供应方式；

③ 应达到的项目进度目标、项目质量目标、项目安全目标和项目成本目标；

④ 在企业制度规定以外的、由法定代表人向项目经理委托的事项；

⑤ 企业对项目经理部人员进行奖惩的依据、标准、办法及应承担的风险；

⑥ 项目经理解职和项目经理部解体的条件及方法。

在全球范围内，鉴于项目经理是施工公司内部的一个职位，因此项目经理的职责是由公司的高层领导根据公司的管理结构和流程，以及项目的实际状况来确定的。对于每一个项目，企业都有一个非常清晰的管理职责划分，这份划分明确了项目经理需要承担的策划、决策、执行和检查等各种任务，并规定了他们应当承担的相应职责。

项目经理对施工项目管理应承担的责任。工程项目施工应建立以项目经理为首的生产经营管理系统，实行项目经理负责制。项目经理在工程项目施工中处于中心位置，对工程项目施工负有全面管理的责任。

项目经理对施工安全和质量应承担的责任。要加强对建筑企业项目经理市场行为的监督管理，对发生重大工程质量安全事故或市场违法违规行为的项目经理，必须依法予以严肃处理。

项目经理对施工项目应承担的法律责任。项目经理可能因为个人的主观因素或工作上的失误，面临法律和经济上的责任。政府的主要管理部门将对企业进行法律责任的追究，而企业则主要关注其经济方面的责任。然而，如果企业因项目经理的非法行为而遭受损失，企业也可能会追究其法律责任。

（三）项目经理的素质与能力

1. 项目经理应具备的素质

项目经理的素质有如下几方面的内容，主要表现在品格与知识两个方面。

（1）品格素质

品格素质是指项目经理从行为作风中表现出来的思想、认识、品行等方面的特征，如遵纪守法、爱岗敬业、具备高尚的职业道德、拥有团队的协作精神、诚信尽责等。

项目经理这一职业在特定的时间段和范围内具有一定的权力，这种权力的运用将对工程项目的成功或失败产生决定性的影响。工程项目涉及的资金规模可能从几十万元到数亿元，甚至可能高达数十亿元。因此，对于项目经理来说，他们必须展现出诚实、正直的品格，有勇气承担责任，心胸开阔，言出必行，言行相符，并有高度的职业热情。

（2）知识素质

项目经理需要掌握项目管理所需的各种专业技能、管理知识、经济知识和法律法规，并且要知道如何在实际操作中不断地加深和完善自己的知识体系。此外，项目经理还需要拥有丰富的实际操作经验，也就是说，他们应该具备项目管理的经验和出色的业绩，这样他们才能轻松应对各种潜在的实际挑战。

（3）性格素质

在项目经理的日常工作中，为人处世占相当大的部分。所以要求项目经理在性格上要豁达、开朗，易于与各种各样的人相处；既要自信有主见，又不能刚愎自用；要坚强，能经受失败和挫折。

（4）学习的素质

项目经理不可能对工程项目所涉及的所有知识都有比较好的储备，相当一部分知识需要在工程项目管理工作中学习掌握。因此，项目经理必须善于学习，包括从书本中学习，更要向团队成员学习。

（5）身体素质

项目经理应身体健康，精力充沛。

2. 项目经理应具备的能力

项目经理应当掌握的技能涵盖了核心技能、必需技能以及提高效率的能力这三个方面。在这之中，创新能力被视为核心能力；必需的能力包括决策能力、组织能力以及指挥能力；增效能力包括控制能力和协调能力，这些能力是项目经理能够有效履行职责、充分发挥领导作用所必需的主观条件。

（1）创新能力

随着科学和技术的飞速进步，新的技术、工艺、材料和设备层出不穷，这也使得人们对建筑产品提出了更高的标准和期望。与此同时，随着建筑市场改革的进一步深化，许多新出现的问题亟待我们去探索和应对。面对新的形势和任务，项目经理必须开放思维，用创新的精神、思维方式和工作方法来进行工作，这样才能实现工程项目的总目标。因此，项目经理的核心业务能力在于创新能力，这直接影响到项目管理的成功与否以及项目的投资回报。

创新能力描述的是项目经理在执行项目管理任务时，能够敏感地识别过去事物的不足，精确地发现新事物的出现，并提出大胆和创新的假设与设想，然后进行深入的科学论证，并给出切实可行的解决策略的技巧。

（2）决策能力

项目经理作为项目管理组织的核心成员，负责统筹和全权管理项目，他们必须拥有出色的决策制定能力。同时，项目经理的决策能力不仅是确保项目管理组织活力旺盛的关键因素，也是衡量项目经理领导能力的一个重要指标，因此，决策能力是项目经理必须具备的关键能力。

决策能力是指项目经理根据外部经营条件和内部经营实力，从多种方案中确定工程项目建设方向、目标和战略的能力。

（3）组织能力

项目经理的组织能力关系到项目管理工作的效率，因此，有人将项目经理的组织能力比喻为效率的设计师。

组织能力可以定义为项目经理运用组织理论，为了确保项目目标的有效实现，将工程项目建设中的各种元素和环节，在时间和空间的维度上，从错综复杂的关系中，进行合理且高效地整合和组织。如果项目经理具备出色的组织才能，并能够充分利用这些能力，那么整个工程项目的建设过程将会形成一个有机的整体，从而确保项目能够高效地运作。

组织能力主要包括：组织分析能力、组织设计能力和组织变革能力。

①组织分析能力。它是指项目经理依据组织理论和原则，对工程项目建设的现有组织进行系统分析的能力，主要是分析现有组织的效能，明确评价，

并找出其中存在的主要问题。

② 组织设计能力。它是指项目经理从项目管理的实际出发，以管理效能为目标，对工程项目管理组织机构进行基本框架的设计，明确各主要部门的上下左右关系等。

③ 组织变革能力。这是指项目经理在执行组织变革计划时的能力，以及评估组织变革计划执行效果的能力。执行组织变革计划的能力，即是在实施组织变革设计方案的过程中，能够引导相关人员自觉地采取行动的能力。评估组织变革方案执行效果的能力，涉及项目经理对该方案执行后的优劣进行准确的评价，这将有助于组织的持续完善和效能的持续提升。

（4）指挥能力

项目经理是工程项目建设活动的最高指挥者，担负着有效地指挥工程项目建设活动的职责，因此，项目经理必须具有高效率的指挥能力。

项目经理在指挥方面的能力，主要体现在他能够准确地下达指令和对下属进行恰当的指导这两个层面上。项目经理能够准确地下达指令，这体现了他在指挥能力上的独特性；当项目经理能够准确地指导下属时，他特别强调了在其指挥中的多元性。项目经理所面对的下属类型各异，他们的年纪、教育背景、修养、性格和习惯都各不相同，因此，他需要根据每个人的具体情况来制定策略和方法，确保每位下属对同一个指令都持有一致的看法和采取行动。

确保命令的统一性与指导的多元性相结合，构成了项目经理领导才能的核心要素。为了确保项目经理能够高效地执行其指挥职责，我们还需要建立一套相关的规则和制度，确保明确的奖惩制度和严格的命令执行。

（5）控制能力

工程项目的建设如果缺乏有效控制，其管理效果一定不佳。而对工程项目实行全面而有效的控制，则取决于项目经理的控制能力。

控制能力是指项目经理运用各种手段（包括经济、行政、法律、教育等手段），来保证工程项目实施的正常进行、实现项目总目标的能力。

项目经理在控制方面的能力，主要体现在他们的自我管理技巧、识别差异的能力以及设定目标的能力上。自我控制能力描述的是一个人在对自己的工作进行审查后，能够进行自我调节的技巧。差异发现能力指的是能够迅速测量和评估执行成果与预设目标之间出现的偏差。如果缺乏识别差异的能力，那么控制整体局势就变得不可能。目标设定能力意味着项目经理应当擅长设定那些以数值形式呈现、与实际情况相符的明确工作目标。只有这样，我们才能更方便地将其与实际的结果进行对比，识别出存在的差异，并据此制定相应的控制措施。随着工程项目风险管理变得越来越关键，项目经理在风险管理目标设定和差异识别方面的能力也逐渐显现为核心技能。

（6）协调能力

项目经理对协调能力掌握和运用得当，可以对外赢得良好的项目管理环境，对内充分调动职工的积极性、主动性和创造性，取得良好的工作效果，以至超过设定的工作目标。

协调能力是指项目经理处理人际关系，解决各方面矛盾，使各单位、各部门乃至全体职工为实现工程项目目标密切配合、统一行动的能力。

现代大型工程项目，牵涉很多单位、部门和众多劳动者。要使各单位、各部门、各环节、各类人员的活动能在时间、数量、质量上达到和谐统一，除了依靠科学的管理方法、严密的管理制度之外，在很大程度上要靠项目经理的协调能力。主要是协调人与人之间的关系，协调能力具体表现在以下几个方面：

①善于解决矛盾的能力。由于人与人之间在职责分工、工作衔接、收益分配差异和认识水平等方面的不同，不可避免地会出现各种矛盾。如果处理不当，还会激化矛盾。项目经理应善于分析产生矛盾的根源，掌握矛盾的主要方面，妥善解决矛盾。

②善于沟通情况的能力。在项目管理中出现不协调的现象，往往是由于

信息闭塞，没有及时沟通，为此，项目经理应具有及时沟通情况、善于交流思想的能力。

③ 鼓动和说服的能力。项目经理应有谈话技巧，既要在理论上和实践上讲清道理，又要以真挚的情感打动人心，给人以激励和鼓舞，催人向上。

第二节　建筑工程管理制度

一、建筑项目法人责任制度

对于政府投资的商业项目，必须实施项目法人责任制。对于政府投资的非商业项目，可以采用"代建制"，即通过招标等方式，选择专业的项目管理单位负责建设实施，严格控制项目的投资、质量和工期，然后在工程竣工验收后再移交给使用单位，从而实现项目的"投资、建设、监管、使用"四个方面的分离。

（一）项目法人的设立与职权分析

1. 项目法人的设立

对于由政府投资的商业项目，一旦项目建议书得到批准，投资方应指派代表组成项目法人筹备组，负责具体的项目法人筹建工作。在提交项目可行性研究报告时，相关单位必须同时提交项目法人的组织方案；若不提交，可行性研究报告将无法得到批准。一旦项目的可行性研究报告获得批准，便会正式确立项目法人身份，以确保资金能够准时到账，并及时完成公司的成立和登记手续。项目公司既可以是有限责任公司（包括国有独资公司），也可以是股份有限公司。

（1）有限责任公司

有限责任公司是指由 2 个以上、50 个以下股东共同出资，每个股东以其认缴的出资额为限对公司承担责任，公司以其全部资产对债务承担责任的项目法人。有限责任公司不对外公开发行股票，股东之间的出资额不要求等额，而由股东协商确定。

（2）国有独资公司

国有独资公司是由国家授权的投资机构或部门作为唯一出资方的有限责任公司。国有独资公司不设置股东大会，由国家授权进行投资的机构或国家授权的部门赋予公司董事会部分股东权利，以决策公司的关键事务。然而，公司的合并、拆分、解散、资本增减以及公司债券的发行，都必须由得到国家授权的投资机构或相关部门来决策。

（3）股份有限公司

股份有限公司是指全部资本由等额股份构成，股东以其所持股份为限对公司承担责任，公司以其全部资产对债务承担责任的项目法人。股份有限公司应有 5 个以上发起人，其突出特点是有可能获准在交易所上市。

国有控股或参股的股份有限公司与有限责任公司一样，也要按照《公司法》的有关规定设立股东会、董事会、监事会和经理层组织机构，其职权与有限责任公司的职权类似。

2. 项目董事会与总经理的职权

（1）项目董事会的职权

项目董事会的职权有：负责筹措建设资金；审核、上报项目初步设计和概算文件；审核、上报年度投资计划并落实年度资金；提出项目开工报告；研究解决建设过程中出现的重大问题；负责提出项目竣工验收申请报告；审定偿还债务计划和生产经营方针，并负责按时偿还债务；聘任或解聘项目总经理，并根据总经理的提名，聘任或解聘其他高级管理人员。

（2）项目总经理的职权

项目总经理所拥有的权责包括：负责组织和编制项目的初步设计文档，对项目的工艺流程、设备选择、建设标准和总体布局提供专业意见，并将这些建议提交给董事会进行审查；负责组织和执行工程设计、施工监督、施工团队以及设备和材料的招标活动，制定并确认招标计划、底价和评标准则，并对投标和中标单位进行评选和确认。对于采用国际招标方式的项目，应依照现有的规章制度进行处理；负责制定并组织执行项目的年度投资方案、资金使用计划和建设进度计划，同时也负责编制项目的财务预算和决算报告；策划并负责执行偿还贷款及其他债务的方案；负责组织和执行工程建设，同时确保工程的投资、时间和质量都得到控制；在项目的建设阶段，任何可能导致生产性质、能力、产品种类和标准发生变化的设计调整或概算调整，都必须在已获批准的概算范围内进行，并需得到董事会的决策以及原审批单位的正式批准；依据董事会的授权，负责处理项目执行过程中出现的重大紧急情况，并将这些信息及时报告给董事会；承担生产前的准备任务并对相关人员进行培训；主导项目的试生产活动以及单项工程的预验收工作；负责制定生产和经营的计划、企业的内部组织结构、员工的定员和定额方案，以及工资和福利的相关方案；负责组织项目的后期评估，并提交相应的评价报告；确保及时向相关部门提交项目建设、生产的相关信息以及统计数据；建议董事会考虑聘请或解雇项目的高层管理人员。

（二）项目法人责任制的优越性

实行项目法人责任制，使政企分开，将建设工程项目投资的所有权与经营权分离，具有许多优越性。

1. 有利于实现项目决策的科学化和民主化

按照《关于实行建设项目法人责任制的暂行规定》要求，项目可行性研究报告批准后，就要正式成立项目法人，项目法人要承担决策风险。为了避免盲目决策和随意决策，项目法人可以采用多种形式，组织技术、经济、管理等方面的专家进行充分论证，提供若干可供选择的方案进行优选。

2. 有利于拓宽项目融资渠道

工程建设资金需用量大，单靠政府投资难以满足国民经济发展和人民生活水平提高的需求。通过设立项目法人，可以采用多种方式向社会多渠道融资，同时可以吸引外资，从而在短期内实现资本集中，引导其投向工程项目建设。

3. 有利于分散投资风险

实行项目法人责任制，可以更好地实现投资主体多元化，使所有投资者利益共享、风险共担。而且通过公司内部逐级授权，项目建设和经营必须向公司董事会和股东会负责，置于董事会、监事会和股东会的监督之下，使投资责任和风险可以得到更好、更具体的落实。

4. 有利于避免建设与运营相互脱节

在实施项目法人责任制的过程中，项目法人不仅要承担建设任务，还需负责项目完成后的经营和还贷工作。通过对项目建设和建设后的生产经营进行一体化管理和全面负责，可以更紧密地将建设责任和经营责任结合在一起，从而更好地解决传统模式下基础建设管理花费、生产管理还贷、建设与生产经营分离的问题，有效地实现投资责任的落实。

5. 有利于促进工程监理、招标投标及合同管理等制度的健康发展

通过实施项目法人责任制，明确了项目法人需要承担的投资风险，从而加强了项目法人和所有投资方的自我约束意识。同时，由于受到投资责任的限制，项目法人大都会积极主动地通过招标来选择工程设计单位、施工单位和监理单位，并进行严格的合同管理。在项目法人的授权和委托下，工程监理单位负责具体的工程质量、造价和进度控制，并对施工单位的安全生产管理进行监督。这不仅有助于解决基础建设中"一次经验，没有二次教训"的问题，还可以逐步培养一支专业的建设工程项目管理队伍，从而不断提升我国工程建设的管理水平。

二、建筑工程合同管理制度

（一）合同的内容与订立

1. 合同的形式和内容

根据《民法典·合同编》规定（注：《合同法》已废止，现适用《民法典·合同编》），合同是指平等主体的自然人、法人、其他组织之间设立、变更、

终止民事权利义务关系的协议。

（1）合同的形式

当事人订立合同，有书面形式、口头形式和其他形式。法律、行政法规规定采用书面形式的，应当采用书面形式。当事人约定采用书面形式的，应当采用书面形式。建设工程合同应当采用书面形式。

（2）合同的内容

合同内容是指当事人之间就设立、变更或者终止权利义务关系表示一致的意思。合同内容通常称为"合同条款"。合同内容由当事人约定，一般包括：当事人的名称或姓名和住所；标的；数量；质量；价款或者报酬；履行的期限、地点和方式；违约责任；解决争议的方法。

2. 合同订立的程序

根据《民法典·合同编》规定（注：《合同法》已废止，现适用《民法典·合同编》），当事人订立合同，应当经过要约和承诺两个阶段。

（1）要约

① 要约是希望和他人订立合同的意思表示。要约应当符合如下规定：内容具体确定；表明经受要约人承诺，要约人即受该意思表示约束。也就是说，要约必须是特定人的意思表示，必须以缔结合同为目的，必须具备合同的主要条款。有些合同在要约之前还会有要约邀请。要约邀请的真正含义是，期望他人向自己发送一个正式的要约。要约邀请并不是合同订立的关键步骤，它只是双方签订合同的预备步骤。这种邀请的具体内容通常是模糊的，并不包含合同的核心内容或在对方同意后受其约束的表示，因此在法律上并不需要承担任何责任。提交的价格表、拍卖通知、招标公告、招股说明书、商业广告等都被视为要约邀请。如果商业广告的内容满足要约的要求，那么它将被视为要约。

② 要约到达受要约人时生效。如采用数据电文形式订立合同，收件人指定特定系统接收数据电文的，该数据电文进入该特定系统的时间，视为到达时间；未指定特定系统的，该数据电文进入收件人的任何系统的首次时间，

视为到达时间。

③ 要约可以撤回，撤回要约的通知应当在要约到达受要约人之前或者与要约同时到达受要约人。要约可以撤销。撤销要约的通知应当在受要约人发出承诺通知之前到达受要约人。但有下列情形之一的，要约不得撤销：要约人确定了承诺期限或者以其他形式明示要约不可撤销；受要约人有理由认为要约是不可撤销的，并已经为履行合同做了准备工作。

④ 有下列情形之一的，要约失效：拒绝要约的通知到达要约人；要约人依法撤销要约；承诺期限届满，受要约人未做出承诺；受要约人对要约的内容做出实质性变更。

（2）承诺

承诺是受要约人同意要约的意思表示。除根据交易习惯或者要约表明可以通过行为做出承诺之外，承诺应当以通知的方式做出。

① 承诺的期限。承诺应当在要约确定的期限内到达要约人。要约没有确定承诺期限的，承诺应当依照下列规定到达：除非当事人另有约定，以对话方式做出的要约，应当即时做出承诺；以非对话方式做出的要约，承诺应当在合理期限内到达。

② 承诺的生效。承诺通知到达要约人时生效。承诺不需要通知的，根据交易习惯或者要约的要求做出承诺的行为时生效。采用数据电文形式订立合同的，承诺到达的时间适用于要约到达受要约人时间的规定。受要约人在承诺期限内发出承诺，按照通常情形能够及时到达要约人，但因其他原因承诺到达要约人时超过承诺期限的，除要约人及时通知受要约人因承诺超过期限不接受该承诺的以外，该承诺有效。

③ 承诺的撤回。承诺可以撤回，撤回承诺的通知应当在承诺通知到达要约人之前或者与承诺通知同时到达要约人。

④ 逾期承诺。受要约人超过承诺期限发出承诺的，除要约人及时通知受要约人该承诺有效的以外，为新要约。

⑤ 要约内容的变更。承诺的内容应当与要约的内容一致。有关合同标的、

数量、质量、价款或者报酬、履行期限、履行地点和方式、违约责任和解决争议方法等的变更，是对要约内容的实质性变更。受要约人对要约的内容做出实质性变更的，视为新要约。承诺对要约的内容做出非实质性变更的，除要约人及时表示反对或者要约表明承诺不得对要约的内容做出任何变更的以外，该承诺有效，合同的内容以承诺的内容为准。

（二）建设工程项目合同体系

工程建设是一个极为复杂的社会生产过程，由于现代社会化大生产和专业化分工，许多单位会参与到工程建设之中，而各类合同则是维系这些参与单位之间关系的纽带。在建设工程项目合同体系中，建设单位和施工单位是两个最主要的节点。

1. 建设单位的主要合同关系

建设单位为了实现工程项目总目标，可以通过签订合同将建设工程项目策划决策与实施过程中有关活动委托给相应的专业单位，如工程勘察设计单位、工程施工单位、材料和设备供应单位、工程咨询及项目管理单位等。

（1）工程承包合同

工程承包合同是任何一个建设工程项目所必须有的合同。建设单位采用的承、发包模式不同，决定了不同类别的工程承包合同。建设单位签订的工程承包合同通常主要有以下几种。

① EPC 承包合同（Engineering Procurement Construction）。是指建设单位将建设工程项目的设计、材料和设备采购、施工任务全部发包给一个承包单位。

② 工程施工合同。是指建设单位将建设工程项目的施工任务发包给一家或者多家承包单位。

（2）工程勘察设计合同

工程勘察设计合同是指建设单位与工程勘察设计单位签订的合同。

（3）材料、设备采购合同

对于建设单位负责供应的材料、设备，建设单位需要与材料、设备供应单位签订采购合同。

（4）工程咨询、监理或项目管理合同

建设单位委托相关单位进行建设工程项目可行性研究、技术咨询、造价咨询、招标代理、项目管理、工程监理等，需要与相关单位签订工程咨询、监理或项目管理合同。

（5）贷款合同

贷款合同是指建设单位与金融机构签订的合同。

（6）其他合同

如建设单位与保险公司签订的工程保险合同等。

2. 承包单位的主要合同关系

承包单位作为工程承包合同的履行者，也可以通过签订合同将工程承包合同中所确定的工程设计、施工、材料设备采购等部分任务委托给其他相关单位来完成。

（1）工程分包合同

工程分包合同是指承包单位为将工程承包合同中某些专业工程施工交由另一承包单位（分包单位）完成而与其签订的合同。分包单位仅对承包单位负责，与建设单位没有合同关系。

（2）材料、设备采购合同

承包单位为获得工程所必需的材料、设备，需要与材料、设备供应单位签订采购合同。

（3）运输合同

运输合同是指承包单位为解决所采购材料、设备的运输问题而与运输单位签订的合同。

（4）加工合同

承包单位将建筑构配件、特殊构件的加工任务委托给加工单位时，需要与其签订加工合同。

（5）租赁合同

承包单位在工程施工中所使用的机具、设备等从租赁单位获得时，需要与租赁单位签订租赁合同。

（6）劳务分包合同

劳务分包合同是指承包单位与劳务供应单位签订的合同。

（7）保险合同

承包单位按照法律法规及工程承包合同的要求进行投保时，需要与工程保险公司签订保险合同。

三、建设工程监理制度

（一）建设工程监理概述

1. 建设工程监理的内涵

建设工程监理是一种专业活动，其中具备相应资格的工程监理单位受建设单位的委托，依据相关法律、建设标准、设计文件和合同，对工程的施工质量、造价和进度进行全面控制。同时，也负责合同和信息的管理，对施工单位的安全生产进行监管，并参与调解工程建设各相关方的关系。

工程监理单位是建设工程监理的主体，这与政府建设主管部门的监管方式和总承包单位对分包单位的监管方式都有所不同。实施工程监理需要得到建设单位的正式委托和授权。只有在得到建设单位的明确委托后，工程监理单位才能依据相关的工程建设法律法规、建设标准、设计文件以及合同来进行有效的监理工作。

2. 建设工程监理的性质

建设工程监理的性质可以概括为服务性、科学性、独立性和公平性四个方面。

（1）服务性

工程监理单位既不直接进行工程设计，也不直接进行工程施工；既不向建设单位承担工程成本，也不参与施工单位的利益分配。在工程建设过程中，监理人员运用他们的专业知识、技术能力、经验和信息，以及必要的实验和检测工具，为建设单位提供全面的管理和技术支持。

工程监理单位主要为建设单位提供服务，但它既不能完全替代建设单位的管理职责，也不拥有对工程建设重大问题的决策权。因此，他们只能在建设单位的授权范围内，通过规划、控制和协调等手段来控制工程施工的质量、成本和进度，以帮助建设单位在预定的目标范围内完成工程建设任务。

（2）科学性

工程监理单位承担着协助建设单位达成其投资目标的责任，并致力于在预定的计划目标范围内完成工程建设。鉴于工程规模不断扩大，环境变得越来越复杂，功能和标准的要求也在不断提高，新的技术、工艺、材料和设备层出不穷，参与工程建设的单位也在增加，因此，工程监理单位必须采用科学的思维、理论、方法和手段，才能有效地管理工程建设。

为了确保建设工程监理工作的科学性，工程监理单位应由具有高度组织管理能力和丰富工程建设经验的专业人士来担任领导角色；应组建一个由大量具有丰富管理经验和应对突发情况能力的监理工程师组成的核心团队；需要一个完善的管理体系；需要深入了解和掌握前沿的管理理念、技巧和工具；需要收集充足的技术、经济信息和统计数据；需要具备科学的职业观念和严格的工作态度，这样才能以创新的方式进行工作。

（3）独立性

在建设单位的授权下，工程监理单位有责任以客观和公正的态度来履行其监理职责。虽然工程监理单位是在建设单位的授权和委托下进行监理工作的，但他们与建设单位之间的关系是基于建设工程监理合同建立的，并且不能与施工单位或材料设备供应单位存在任何从属或利害关系。

工程监理单位在执行工程监理任务时，必须严格遵循相关的法律法规、工程建设文件、工程建设标准、建设工程监理合同以及其他各类建设工程合同。在进行工程监理的过程中，他们必须建立自己的组织结构，并根据自己的工作计划、流程、方法和手段，依据自己的判断，独立地开展各项工作。

（4）公平性

公平性不仅是社会普遍接受的职业伦理标准，也构成了工程监理行业能够持续存在和不断发展的基础。在执行工程监理任务时，工程监理单位有责任消除所有可能的干扰因素，并以客观和公平的态度对待建设单位与施工单位。尤其在建设单位与施工单位之间出现利益矛盾或冲突的情况下，工程监理单位有责任以事实为基础，依据法律和相关合同进行操作，旨在保护建设单位的合法权益，同时也不能侵犯施工单位的合法权益。例如，在处理建设单位与承包单位之间的纠纷、处理费用索赔、工程延期、控制工程款支付以及竣工结算时，应尽可能地客观和公平地对待建设单位和施工单位。

（二）建设工程监理的范围与任务

1. 建设工程监理的范围

下列建设工程必须实行监理：

（1）国家重点建设工程

国家重点建设工程是指依据《国家重点建设项目管理办法》所确定的对国民经济和社会发展有重大影响的骨干项目。

（2）大中型公用事业工程

大中型公用事业工程是指项目总投资额在 3 000 万元以上的下列工程项目：供水、供电、供气、供热等市政工程项目；科技、教育、文化等项目；体育、旅游、商业等项目；卫生、社会福利等项目；其他公用事业项目。

（3）成片开发建设的住宅小区工程

成片开发建设的住宅小区工程，建筑面积在 5 万平方米以上的住宅建设工程必须实行监理；5 万平方米以下的住宅建设工程，可以实行监理，具体范围和规模标准，由省、自治区、直辖市人民政府建设主管部门规定。为了保证住宅质量，对高层住宅及地基、结构复杂的多层住宅应当实行监理。

（4）利用外国政府或者国际组织贷款、援助资金的工程

包括：使用世界银行、亚洲开发银行等国际组织贷款资金的项目；使用国外政府及其机构贷款资金的项目；使用国际组织或者国外政府援助资金的项目。

（5）国家规定必须实行监理的其他工程

国家规定必须实行监理的其他工程是指学校、影剧院、体育场馆项目和项目总投资额在 3 000 万元以上关系社会公共利益、公众安全的下列基础设施项目：煤炭、石油、化工、天然气、电力、新能源等项目；铁路、公路、管道、水运、民航以及其他交通运输业等项目；邮政、电信枢纽、通信、信息网络等项目；防洪、灌溉、排涝、发电、引（供）水、滩涂治理、水资源保护、水土保持等水利建设项目；道路、桥梁、地铁和轻轨交通、污水排放及处理、垃圾处理、地下管道、公共停车场等城市基础设施项目；生态环境保护项目；其他基础设施项目。

2. 建设工程监理的中心任务

在建设工程监理中，核心的职责是确保建设工程项目的目标得到控制，也就是确保通过科学规划确定的建设工程项目的质量、成本和进度目标得到有效管理。在建设工程项目中，三大核心目标构成了一个相互联系和相互制衡的目标体系，因此不能简单地将这三大目标割裂开来进行独立控制。

值得强调的是，建设工程监理的核心目标是"追求"达成项目的既定目标。工程监理单位和监理工程师既不是，也不能成为任何承包单位的工程承保人或保证人。在市场经济的背景下，负责工程勘查、设计、施工和材料设备供应的单位，作为建筑产品或服务的出售方，必须按照合同中规定的质量、成本和时间标准，完成约定的工程勘查、设计、施工和材料设备供应任务。

如果不这样做，就需要承担合同上的责任。任何违法或违规行为，都将面临法律的制裁。作为建设单位授权的专业机构，工程监理单位并没有义务为工程项目的其他参与方承担任何责任。谁负责设计、谁负责施工、谁负责供应材料和设备一目了然。显然，如果工程监理单位和监理工程师未能遵守法律、法规以及建设工程监理合同中所规定的各项监理职责和义务，他们将不得不承担相应的监理责任。

第二章　建筑项目管理概论

第一节　建筑项目管理的发展背景

一、项目管理的来源

古代埃及建造的金字塔、古代中国开凿的大运河和修筑的万里长城等许多建筑工程都可以被认为是人类祖先完成的优质项目。有项目就必然会存在项目管理问题。古代对项目的管理主要是凭借优秀建筑师个人的经验、智慧，依靠个人的才能和天赋进行的，还谈不上应用科学的、标准化的管理方法。

近代项目管理是随着管理科学的发展而发展起来的。1917 年，亨利·甘特发明了著名的甘特图。甘特图被用于车间日常工作安排，经理们按日历徒手画出要做的任务图表。20 世纪 50 年代后期，美国杜邦公司路易斯维尔化工厂创造了关键路径法（critical path method，CPM）。使用关键路径法进行研究和开发、生产控制和计划编排，大幅缩短了完成预定任务的时间，并节约了 10%左右的投资，取得了显著的经济效益。同一时期，美国海军在研究开发北极星（Polaris）号潜水舰艇所采用的远程导弹 F.B.M 的项目中开发出计划评审技术（program evaluation and review technique，PERT）。计划评审技术的应用使美国海军部门顺利解决了组织、协调参加这项工程的遍及美国 48个州的 200 多个主要承包商和 11 000 多个企业的复杂问题，节约了投资，缩短了约两年工期，工期缩短近 25%。其后，随着网络计划技术的广泛应用，该项技术可节约投资 10%～15%，缩短工期 15%～20%，而编制网络计划所需要的费用仅为总费用的 0.1%。

20 世纪 80 年代，信息化在世界范围内蓬勃发展，全球性的生产能力开始形成，现代项目管理逐步发展起来。项目管理快速发展的原因主要有以下几方面。

第一，世界经济正在进行全球范围的结构调整，竞争和兼并激烈，使得各个企业需要重新考虑如何开展业务，如何赢得市场、赢得消费者。抓住经济全球化、信息化的发展机遇，最重要的就是创新。为了具有竞争能力，各个企业不断地降低成本，加速新产品的开发速度。为了缩短产品的开发周期，缩短从概念到产品推向市场的时间，提高产品质量，降低成本，必须围绕产品重新组织人员，将从事产品创新活动、计划、工程、财务、制造、销售等的人员组织到一起，从产品开发到市场销售全过程，形成一个项目团队。

第二，适应现代复杂项目的管理。项目管理的吸引力在于，它使企业能处理需要跨领域解决方案的复杂问题，并能实现更高的运营效率。可以根据需要把一个企业的若干人员组成一个项目团队，这些人员可以来自不同的职能部门。与传统的管理模式不同，项目不是通过行政命令体系来实施的，而是通过所谓的"扁平化"的结构来实施的，其最终的目的是使企业或机构能够按时在预算范围内实现其目标。

第三，适应以用户满意为核心的服务理念。传统项目管理的三大要素分别是时间、成本和质量指标。评价项目成功与否的标准也就是这三个条件是否满足。除此之外，现在最能体现项目成功的标志是客户和用户的认可与满意。使客户和用户满意是现今企业发展的关键要素，这就要求加快决策速度、给职员授权。项目管理中项目经理的角色从活动的指挥者变成了活动的支持者，他们尽全力使项目团队成员尽可能有效地完成工作。

正是在上述背景下，经过工程界和学术界不懈的努力，项目管理已从经验上升为理论，并成为与实际结合的一门现代管理学科。

二、项目管理的发展

作为新兴的学科，项目管理来自工程实践，因此，项目管理既有理论体系，又最终用来指导各行各业的工程实践。在这个反复交替、不断提高的过程中，项目管理作为学科在其应用的过程中，要吸收其他学科的知识和成果。在项目管理的过程中，至少涉及建设方、承建方和监理方三方。要想把项目管好，这三方必须对项目管理有一致的认识，遵循科学的项目管理方法，这就是"三方一法"。只有这样，步调才能一致，避免无谓的纠纷，协力把项目完成。

与任何其他学科的成长和发展一样，项目管理学科的成长和发展需要一个漫长的过程，而且是永无止境的。分析当前国际项目管理的发展现状发现，它有三个特点，即全球化的发展、多元化的发展和专业化的发展。

20世纪60年代由数学家华罗庚引入的PERT技术、网络计划与运筹学相关的理论体系，是我国现代项目管理理论第一发展阶段的重要成果。

1984年的鲁布革水电站项目是利用世界银行贷款的项目，并且是我国第一次聘请外国专家采用国际招标的方法，运用项目管理进行建设的水利工程项目。项目管理的运用，大幅缩短了工期，降低了项目造价，取得了明显的经济效益。随后在二滩水电站、三峡水利枢纽工程、小浪底水利枢纽工程和其他大型工程建设中，都相应采用了项目管理这一有效手段，并取得了良好的效果。

1991年，我国成立了中国项目管理研究委员会，随后出版了刊物《项目管理》，建立了项目管理网站，有力地推动了我国项目管理的研究和应用。

我国虽然在项目管理方面取得了一些进展，但是与发达国家相比还有一定的差距。在我国，统一的、体系化的项目管理思想还没有得到普及和贯彻，目前，承建方和监理方的项目管理水平有很大的进步，而建设方的项目管理意识和水平还有待提高。

第二节　建筑工程项目管理概述

一、建筑工程项目管理的含义

建筑工程项目管理的内涵是：自项目开始至项目完成，通过项目策划和项目控制，以使项目的费用目标、进度目标和质量目标得以实现。

"自项目开始至项目完成"指的是项目的实施期；"项目策划"指的是目标控制前的一系列筹划和准备工作；"费用目标"对业主而言是投资目标，对施工方而言是成本目标。项目决策期管理工作的主要任务是确定项目的定义，而项目实施期管理工作的主要任务是通过管理使项目的目标得以实现。

项目是一种一次性的工作，它应当在规定的时间内，在明确的目标和可利用资源的约束下，由专门组织起来的人员运用多种学科知识来完成。美国项目管理学会（Project Management Institute，PMI）对项目的定义是：将人力资源和非人力资源结合成一个短期组织以达到一个特殊目的。

项目管理这一概念是第二次世界大战的产物（如美国研制原子弹的曼哈顿计划）。第二次世界大战后，美国海军在研究开发北极星号潜水舰艇的导弹系统时创造出项目时间管理工具——计划评审技术（Program Evaluation and Review Technique，PERT）。后来，美国国防部又创造出项目范围管理工具——工作分解结构法（Work Breakdown Structures，WBS），用以处理复杂的大型项目。20 世纪 50—80 年代，项目管理主要应用于军事和建筑领域。这一时期，项目管理被看作是致力于预算、规划和达到特定目标的小范围内的活动。项目经理仅是一个执行者，他的工作单纯是完成既定的任务——去执行由其他人（如设计师、工程师和建筑师）制定的方案。

二、建筑工程项目管理的特点

（一）复杂性

工程项目建设时间跨度长，涉及面广，过程复杂，内外部各环节链接运转难度大。项目管理需要各方面人员组成协调的团队，要求全体人员能够综合运用包括专业技术和经济、法律等知识，步调一致地进行工作，随时解决工程项目建设过程中出现的问题。

（二）一次性

这个工程项目是一次性的，不存在两个完全一样的工程项目。即便是非常类似的项目，在时间、地点、材料、设备、人员、自然条件以及其他外部环境等方面，也都存在差异。在进行项目的决策和执行时，项目管理者必须立足于实际情况，结合项目的实际需求，因地制宜地解决和处理工程项目中的实际问题。因此，项目管理的核心是将前辈们总结出的建设知识和经验，以创新的方式应用到工程管理的实际操作中。

（三）寿命周期性

项目的一次性决定项目有明确的结束点，即任何项目都有其产生、发展和结束的时间，也就是项目具有寿命周期。在寿命周期内，在不同的阶段都有特定的任务、程序和内容。

（四）专业性

工程项目管理需对资金、人员、材料、设备等多种资源进行优化配置和合理使用，专业技术性强，需要专门机构、专业人才来进行。

三、建筑工程项目的基本建设程序

建筑工程项目建设程序是指工程项目从策划、评估、决策、设计、施工到竣工验收、投入生产或交付使用的整个建设过程中，各项工作必须遵循的工作次序。

工程建筑是人类对自然的一种改造行为，涉及的建设领域非常广泛。

为了完成一个完整的建筑项目，需要各个方面的紧密合作和配合。工程项目的建筑流程反映了工程建设的客观规律，并为工程项目的科学决策和顺利实施提供了关键支持。工程项目的建设流程实际上是人们在长时间的工程项目实践中积累的宝贵经验。其中，某些任务是连续进行的，有些任务是交织在一起的，而有些任务则是同步进行的。为了确保按照预定的计划有序地完成建设任务，并迅速建立生产能力并获得实际效益，所有这些任务都需要按照一个统一的路径，并按照一致的节奏和顺序进行。该建设流程涵盖了以下几个阶段和具体内容。

（一）策划决策阶段

策划决策阶段又称为建设前期工作阶段，主要包括编报项目建议书和可行性研究报告两项工作内容。

1. 项目建议书

对于政府投资项目，编报项目建议书是项目建设最初阶段的工作。编报项目建议书的主要作用是推荐建设工程项目，以便在一个确定的地区或部门内，以自然资源和市场预测为基础，选择建设工程项目。

项目建议书经批准后，可进行可行性研究工作，但并不表明项目非上不可，项目建议书不是项目的最终决策。

2. 可行性研究

可行性研究是在项目建议书被批准后，对项目在技术上和经济上是否可行所进行的科学分析和论证。根据《国务院关于投资体制改革的决定》（国发〔2004〕20号），对于政府投资项目，需审批项目建议书和可行性研究报告。

《国务院关于投资体制改革的决定》指出，对于企业不使用政府资金投资建设的项目，一律不再实行审批制，区别不同情况实行核准制和登记备案制。

对于《政府核准的投资项目目录》以外的企业投资项目实行登记备案制。

3. 可行性研究报告

完成可行性研究后，应编报可行性研究报告。

（二）勘察设计阶段

勘察过程：复杂工程分为初勘和详勘两个阶段，为设计提供实际依据。

设计过程：一般划分为两个阶段，即初步设计阶段和施工图设计阶段；对于大型复杂项目，可根据不同行业的特点和需要，在初步设计阶段之后增加技术设计阶段。

初步设计是设计的第一步，当初步设计提出的总概算超过可行性研究报告投资估算的 10%或其他主要指标需要变动时，要重新报批可行性研究报告。

初步设计经主管部门审批后，建设工程项目被列入国家固定资产投资计划方可进行下一步的施工图设计。

施工图一经审查批准，不得擅自进行修改，必须重新报请原审批部门，由原审批部门委托审查机构审查后再批准实施。

（三）建筑准备阶段

建筑准备阶段主要内容包括：组建项目法人，征地，拆迁，"三通一平"乃至"七通一平"；组织材料、设备订货；办理建设工程质量监督手续；委托工程监理；准备必要的施工图纸；组织施工招投标，择优选定施工单位；办理施工许可证等。按规定做好施工准备，具备开工条件后，建设单位申请开工，进入施工阶段。

（四）施工阶段

建筑工程具备了开工条件并取得施工许可证后方可开工。项目新开工时间按设计文件中规定的任何一项永久性工程第一次正式破土开槽时间而定。不需要开槽的项目以正式打桩作为开工时间。铁路、公路、水库等以开始进行土石方工程作为正式开工时间。

（五）生产准备阶段

对于生产性建筑工程项目，在其竣工投产前，建设单位应适时地组织专门班子或机构，有计划地做好生产准备工作，主要包括：招收、培训生产人员；组织有关人员参加设备安装、调试、工程验收；落实原材料供应；组建生产管理机构，健全生产规章制度等。生产准备是由施工阶段转入经营的一项重要工作。

（六）竣工验收阶段

工程竣工验收是全面考核建设成果、检验设计和施工质量的重要步骤，也是建设工程项目转入生产和使用的标志。验收合格后，建设单位编制竣工决算，项目正式投入使用。

（七）考核评价阶段

建筑工程项目评价是工程项目竣工投产、生产运营一段时间后，在对项目的立项决策、设计施工、竣工投产、生产运营等全过程进行系统评价的一种技术活动，是固定资产管理的一项重要内容，也是固定资产投资管理的最后一个环节。

第三节　建筑工程项目管理的基本内容

建筑工程项目管理的基本内容包括以下八个方面。

一、合同管理

建筑工程项目合同是一份具有法律约束力的协议文件，它明确了业主和参与项目实施的各个主体之间的责任、权利和义务关系，也是在市场经济体制下组织项目实施的基本手段。从一个角度看，项目的执行阶段实际上就是建设工程项目合同的签署和执行阶段。当所有合同所规定的职责和权益得到完全履行的那一天，也即是建设项目完全完成的时刻。

建筑工程项目的合同管理主要涉及对各种合同的合法签订和执行过程的全面管理，这包括合同文本的挑选、合同条款的协商和谈判，以及合同文件的正式签署；关于合同的执行、审查、修改以及违约和纠纷的处理方式；处理索赔相关的事务；对相关内容进行综合评估和总结。

二、组织协调

组织协调是工程项目管理的职能之一，是实现项目目标必不可少的方法和手段。在项目实施过程中，项目的参与单位需要处理和调整众多复杂的业务组织关系。组织协调的主要内容如下。

外部环境协调：与政府管理部门之间的协调，如与规划部门、城建部门、市政部门、消防部门、人防部门、环保部门、城管部门的协调；资源供应方面的协调，如供水、供电、供热、电信、通信、运输和排水等方面的协调；生产要素方面的协调，如图纸、材料、设备、劳动力和资金方面的协调；社区环境方面的协调等。

项目参与单位之间的协调：项目参与单位主要有业主、监理单位、设计单位、施工单位、供货单位、加工单位等。

项目参与单位内部的协调：项目参与单位内部各部门、各层次之间及个人之间的协调。

三、进度控制

进度控制包括方案的科学决策、计划的优化编制和实施有效控制三个方面的任务。方案的科学决策是实现进度控制的先决条件，它包括方案的可行性论证、综合评估和优化决策。只有决策出优化的方案，才能编制出优化的计划。计划的优化编制，包括科学确定项目的工序及其衔接关系、持续时间以及编制优化的网络计划和实施措施，是实现进度控制的重要基础。实施有效控制包括同步跟踪、信息反馈、动态调整和优化控制，是实现进度控制的根本保证。

四、投资（费用）控制

投资控制包括编制投资计划、审核投资支出、分析投资变化情况、研究投资减少途径和采取投资控制措施五项任务。前两项是对投资的静态控制，后三项是对投资的动态控制。

五、质量控制

质量控制包括制定各项工作的质量要求及质量事故预防措施、制定各个方面的质量监督和验收制度，以及制定各个阶段的质量事故处理和控制措施三个方面的任务。制定的质量要求要具有科学性，质量事故预防措施要具备有效性。质量监督和验收包含对设计质量、施工质量及材料设备质量的监督和验收，要严格执行检查制度并加强分析。质量事故处理与控制要对每一个阶段均严格管理和控制，采取细致而有效的质量事故预防和处理措施，以确保质量目标的实现。

六、风险管理

随着工程项目的规模逐渐扩大和技术工艺变得更为复杂，项目的管理者所遭遇的风险也随之增加。从工程建设的实际情况来看，为了确保建设项目的投资回报，对项目的风险进行科学的管理是至关重要的。

风险管理涉及确定和衡量项目的风险，同时也包括制定、挑选和管理风险应对策略的整个流程。该策略旨在通过风险评估来降低项目决策中的不确定性，使决策过程更为科学，并确保在项目执行过程中，目标控制能够顺利进行，从而更有效地达到项目的质量、进度和投资目标。

七、信息管理

信息管理是工程项目管理的基础工作，是实现项目目标控制的保证。只有不断提高信息管理水平，才能更好地承担起项目管理的任务。

工程项目的信息管理主要涵盖了与工程项目相关的各种信息的搜集、保存、处理、传播和应用等多个环节。信息管理的核心职责是为项目管理的各级领导、所有参与单位和不同类型的人员提供所需的各种综合信息。这样，他们可以在项目的整个进展过程中实时进行规划，迅速并准确地做出各种决策，并对决策的执行结果进行及时的检查，以反映在工程实施过程中出现的各种问题，从而更好地服务于项目的总体目标。

项目管理的成功与否，很大程度上取决于信息管理工作的执行效果。在我国长时间的工程建设实践中，由于信息的缺乏，我们很难及时获取所需的信息。这些信息的不准确性、信息的不完整性以及信息存储的分散性都导致了项目的决策、控制、执行和检查变得困难，从而频繁地影响到项目的总体目标的实现。这种情况应当引起项目管理人员的高度关注。

八、环境保护

工程建设不仅能够改善环境并为人类带来福祉，高质量的设计作品还能为社会景观增添更多的视觉价值。然而，一个工程项目的执行过程和最终结果也可能会受到多种因素的影响，甚至可能导致环境恶化。因此，在进行工程建设时，我们应该加强对环境保护的认识，确保不对自然环境造成损害、破坏生态平衡、污染空气和水、干扰附近的建筑和地下管道系统，这应被视为项目管理的核心任务之一。项目的管理者有责任深入研究和了解国家及地区的环保法律和条例。对于对环境保护有明确要求的建设项目，在项目的可行性研究和决策过程中，他们必须提交环境影响报告和相应的策略措施，并对这些措施的实用性和效果进行评估，然后严格按照建设流程向环保管理部门提交审批。在项目的执行过程中，确保主体工程与环境保护措施工程能够同步进行设计、施工和运营。在进行工程施工的承包和发包过程中，确保依法进行环保工作是合同中的关键条款，并在施工计划的审核和施工阶段，始终将实施环保措施和解决建设中的公害问题作为核心任务进行严格监督。

第四节　建筑工程项目管理主体与任务

一个建筑工程项目往往由许多参与单位承担不同的建设任务和管理任务（如勘察、土建设计、工艺设计、工程施工、设备安装、工程监理、建设物资供应、业主方管理、政府主管部门的管理和监督等），各参与单位的工作性质、工作任务和利益不尽相同，因此，就形成了代表不同利益方的项目管理。由于业主方既是建筑工程项目实施过程（生产过程）的总集成者（人力资源、物质资源和知识的集成），也是建筑工程项目生产过程的总组织者，因此，对于一个建设工程项目而言，业主方的项目管理往往是该项目的项目管理的核心。

按建筑工程项目不同主体的工作性质和组织特征划分，项目管理有以下几种类型：

（1）业主方的项目管理，如投资方和开发方的项目管理，或由工程管理咨询公司提供的代表业主方利益的项目管理服务；

（2）设计方的项目管理；

（3）施工方的项目管理（施工总承包方、施工总承包管理方和分包方的项目管理）；

（4）建设物资供货方的项目管理（材料和设备供应方的项目管理）；

（5）建筑项目总承包（或称建设项目工程总承包、工程总承包）方的项目管理，如设计和施工任务综合的承包，或设计、采购和施工任务综合的承包（简称 EPC 承包）的项目管理等。

一、业主方的项目管理

业主方的项目管理是为了维护业主的权益。业主方在项目管理方面的目标涵盖了项目的投资目标、进度目标以及质量保证。投资目标是指该项目的整体投资目标。所谓的进度目标，是指项目实际投入使用的时间目标，也就是项目实际交付使用的时间目标，例如工厂完工后可以开始生产、道路完工后可以通车、办公大楼可以投入使用、旅馆可以开始营业的时间目标等。质量目标不只是关于施工的品质，它还涵盖了设计的品质、所用材料的品质、设备的品质以及可能影响项目正常运行或管理的环境因素等。我们的质量目标旨在满足技术规范和技术标准的要求，同时也要确保满足业主的相关质量标准。

项目的投资目标、进度目标和质量目标之间存在着矛盾和统一的方面，它们之间的关系是对立而统一的：加速进度通常需要增加投资，提高质量通常也需要增加投资，过度缩短进度可能会影响质量目标的实现。这些都揭示了目标间存在的矛盾关系，但通过高效的管理手段，即使不增加额外的投资，也能有效地缩短工程周期并提升工程品质，这体现了目标间关系的统一性。

业主方的项目管理工作涉及项目实施阶段的全过程，即在设计前的准备阶段、设计阶段、施工阶段、动用前准备阶段和保修期分别进行以下工作。

安全管理—投资控制—进度控制—质量控制—合同管理—信息管理—组织协调。

其中安全管理是项目管理中最重要的任务，因为安全管理关系到人身的健康与安全，而投资控制、进度控制、质量控制和合同管理等则主要涉及物质的利益。

二、设计方的项目管理

作为项目建设的一个参与方，设计方的项目管理主要服务于项目的整体利益和设计方本身的利益。由于项目的投资目标能否得以实现与设计工作密切相关，因此，设计方项目管理的目标包括设计的成本目标、设计的进度目标、设计的质量目标以及项目的投资目标。

设计方的项目管理工作主要在设计阶段进行，但也涉及设计前的准备阶段、施工阶段、动用前准备阶段和保修期。设计方项目管理的任务包括以下几项。

与设计工作有关的安全管理—设计成本控制和与设计工作有关的工程造价控制—设计进度控制—设计质量控制—设计合同管理—设计信息管理—与设计工作有关的组织和协调。

三、施工方的项目管理

（一）施工方项目管理的目标

由于施工方是受业主方的委托承担工程建设任务，施工方必须树立服务观念，为项目建设服务，为业主提供建设服务。另外，合同也规定了施工方的任务和义务，因此，作为项目建设的一个重要参与方，施工方的项目管理不仅应服务于施工方本身的利益，也必须服务于项目的整体利益。项目的整体利益和施工方本身的利益是对立统一关系，两者有其统一的一面，也有其矛盾的一面。

施工方项目管理的目标应符合合同的要求，包括以下几项。

施工的安全管理目标—施工的成本目标—施工的进度目标—施工的质量目标。

如果采用工程施工总承包模式或工程施工总承包管理模式，施工总承包方或施工总承包管理方必须按工程合同规定的工期目标和质量目标完成建设任务，而施工总承包方或施工总承包管理方的成本目标是由施工企业根据其生产和经营的情况自行确定的。分包方必须按工程分包合同规定的工期目标和质量目标完成建设任务。分包方的成本目标是该施工企业内部自行确定的。

按国际工程的惯例，当指定分包商时，由于指定分包商合同在签约前必须得到施工总承包方或施工总承包管理方的认可，因此，施工总承包方或施工总承包管理方应对合同规定的工期目标和质量目标负责。

（二）施工方项目管理的任务

施工方项目管理的任务包括以下内容。

施工安全管理—施工成本控制—施工进度控制—施工质量控制—施工合同管理—施工信息管理—与施工有关的组织与协调等。

施工方的项目管理工作主要在施工阶段进行，但由于设计阶段和施工阶段在时间上往往是交叉的，因此，施工方的项目管理工作也会涉及设计阶段。在动用前准备阶段和保修期施工合同尚未终止期间，还有可能出现涉及工程安全、费用、质量、合同和信息等方面的问题，因此，施工方的项目管理也涉及动用前准备阶段和保修期。

从 20 世纪 80 年代末到 90 年代初开始，我国的大中型建设工程项目引进了为业主方服务（或称代表业主利益）的工程项目管理咨询服务，这属于业主方项目管理的范畴。在国际上，工程项目管理咨询公司不仅为业主提供服务，而且向施工方、设计方和建设物资供应方提供服务。因此，不能认为施工方的项目管理只是施工企业对项目的管理。施工企业委托工程项目管理咨询公司对项目管理的某个方面提供的咨询服务也属于施工方项目管理的范畴。

作为项目建设的一个参与方，建设物资供货方的项目管理主要服务于项目的整体利益和建设物资供货方本身的利益。建设物资供货方项目管理的目标包括建设物资供货方的成本目标、供货的进度目标和供货的质量目标。

建设物资供货方的项目管理是指对材料和设备供应方的项目管理，工作主要在施工阶段进行，但它也涉及设计准备阶段、设计阶段、动用前准备阶段和保修期。建设物资供货方项目管理的主要任务如下。

供货的安全管理—建设物资供货方的成本控制—供货的进度控制—供货的质量控制—供货合同管理—供货信息管理—与供货有关的组织与协调。

四、建筑项目总承包方的项目管理

（一）建筑项目总承包方项目管理的目标

鉴于建筑项目的总承包方是在业主方的授权下进行工程建设的，他们有责任确立服务理念，致力于项目的建设，并为业主提供必要的建设支持。此外，该合同明确了建筑项目总承包方的职责和任务。因此，作为项目建设过程中的关键参与者，建筑项目总承包方的项目管理主要是为了服务于项目的总体利益和建设项目总承包方自身的利益。建筑项目总承包方项目管理的目标应符合合同的要求，包括以下几项：

（1）工程建设的安全管理目标；

（2）项目的总投资目标和建设项目总承包方的成本目标（前者是业主方的总投资目标，后者是项目总承包方本身的成本目标）；

（3）建设项目总承包方的进度目标；

（4）建设项目总承包方的质量目标。

建筑项目总承包方项目管理工作涉及项目实施阶段的全过程，即设计前的准备阶段、设计阶段、施工阶段、动用前准备阶段和保修期。

（二）建筑项目总承包方项目管理的任务

建筑项目总承包方项目管理的主要任务如下。

安全管理—项目的总投资控制和建设项目总承包方的成本控制—进度控制—质量控制—合同管理—信息管理—与建设项目总承包方有关的组织和协调等。

在《建设项目工程总承包管理规范》（GB/T 50358—2017）中对项目总承包管理的内容做了以下的规定：

（1）工程总承包管理应包括项目经理部的项目管理活动和工程总承包企业职能部门参与的项目管理活动；

（2）工程总承包项目管理的范围应由合同约定。根据合同变更程序提出并经批准的变更范围也应列入项目管理范围；

（3）工程总承包项目管理的主要内容包括：任命项目经理，组建项目经理部，进行项目策划并编制项目计划；实施设计管理、采购管理、施工管理、试运行管理；进行项目范围管理、进度管理、费用管理、设备材料管理、资金管理、质量管理、安全、职业健康和环境管理、人力资源管理、风险管理、沟通与信息管理、合同管理、现场管理、项目收尾等。

第三章　建筑工程项目资源管理

第一节　建筑工程项目资源管理概述

一、项目资源管理

（一）项目资源概念

项目资源是对项目实施中使用的人力资源、材料、机械设备、技术、资金和基础设施等的总称。资源是人们创造出产品（即形成生产力）所需要的各种要素，也被称为生产要素。

项目资源管理的目的是在保证施工质量和工期的前提下，通过合理配置和调控，充分利用有限资源，节约使用资源，降低工程成本。

（二）项目资源管理概念

项目资源管理是对项目所需的各种资源进行计划、组织、指挥、协调和控制等系统活动。项目资源管理的复杂性主要表现为如下几项：

（1）工程实施所需资源的种类多、需求量大；

（2）建设过程对资源的消耗极不均衡；

（3）资源供应受外界影响很大，具有一定的复杂性和不确定性，且资源经常需要在多个项目间进行调配；

（4）资源对项目成本的影响最大。加强项目管理，必须对投入项目的资源进行市场调查与研究，做到合理配置，并在生产中强化管理，以尽量少的消耗获得产出，达到节约劳动和减少支出的目的。

（三）项目资源管理的主要原则

在项目施工过程中，对资源的管理应该着重坚持以下 4 项原则。

1. 编制管理计划的原则

编制项目资源管理计划的目的，是对资源投入量、投入时间和投入步骤，做出一个合理的安排，以满足施工项目实施的需要。对施工过程中所涉及的资源，都必须按照施工准备计划、施工进度总计划和主要分项进度计划，根据工程的工作量，编制出详尽的需用计划表。

2. 资源供应的原则

按照编制的各种资源计划，进行优化组合，并实施到项目中去，保证项目施工的需要。

3. 节约使用的原则

这是资源管理中最为重要的一环，其根本意义在于节约活劳动及物化劳动。根据每种资源的特性，制订出科学的措施，进行动态配置和组合，不断地纠正偏差，以尽可能少的资源，满足项目的使用。

4. 使用核算的原则

进行资源投入、使用与产出的核算，是资源管理的一个重要环节。完成了这个程序，便可以使管理者心中有数。通过对资源使用效果的分析，一方面是对管理效果的总结，另一方面又为管理提供储备与反馈信息，以指导以后的管理工作。

（四）项目资源管理的过程和程序

1. 项目资源管理的过程

项目资源管理的全过程应包括资源的计划、配置、控制和处置。

2．项目资源管理的程序

项目资源管理应遵循下列程序：

（1）按合同或根据施工生产要求，编制资源配置计划，确定投入资源的数量与时间；

（2）根据资源配置计划，做好各种资源的供应工作；

（3）根据各种资源的特性，采取科学的措施，进行有效组合，合理投入，动态管理；

（4）对资源的投入和使用情况进行定期分析，找出问题，总结经验，持续改进。

3．项目资源管理的注意事项

项目资源管理应注意以下几个方面：

（1）要将资源优化配置，适时、适量、按比例配置资源投入生产，满足需求；

（2）投入项目的各种资源在施工项目中搭配适当、协调，能够充分发挥作用，更有效地形成生产力；

（3）在整个项目运行过程中，对资源进行动态管理，以适应项目建设需要，并合理规避风险。项目实施是一个变化的过程，对资源的需求也在不断发生变化，必须适时调整，有效地计划组织各种资源，合理流动，在动态中求得平衡；

（4）在项目实施中，应建立节约机制，有利于节约使用资源。

（五）资源配置与资源均衡

在资源配置时，必须考虑如何进行资源配置及资源分配是否均衡。在项目资源十分有限的情况下，合理的资源配置和实现资源均衡是提高项目资源配置管理能力的有效途径。

1．资源配置

资源配置的目的是根据项目的各项活动和进度需求，将项目所需的资源合理地分配到项目的各个环节中，以确保项目能够按照预定的计划顺利进行。合理地分配有限的资源也被视为约束型资源的平衡状态。在制定具有约束力的资源计划时，我们必须充分考虑其他项目对共享资源的竞争需求。在分配项目的资源时，我们必须仔细考虑所需资源的种类、范围、数量以及其独特性。

资源的分配方式是系统工程技术领域的一部分。在项目资源的分配过程中，我们不仅要确保每个子项目都能获得适当的资源，还需追求资源使用的均衡性。此外，我们还需要确保项目中的每一项活动都能及时地获得必要的资源，这样可以确保项目资源得到最大化的使用，并努力使资源的总消耗达到最低。

2. 资源均衡

资源均衡是一种特殊的资源配置问题，是对资源配置结果进行优化的有效手段。资源均衡的目的是努力将项目资源消耗控制在可接受的范围内。在进行资源均衡时，必须考虑资源的类型及其效用，以确保资源均衡的有效性。

二、项目资源管理计划

项目资源是工程项目实施的基本要素，项目资源管理计划是对工程项目资源管理的规划或安排，一般涉及决定选用什么样的资源，将多少资源用于项目的每一项工作的执行过程中（即资源的分配）以及将项目实施所需要的资源按正确的时间、正确的数量供应到正确地点，并尽可能地降低资源成本的消耗，如采购费用、仓库保管费用等。

（一）项目资源管理计划的基本要求

资源管理计划应包括建立资源管理制度，编制资源使用计划、供应计划和处置计划，规定控制程序和责任体系。

资源管理计划应依据资源供应、现场条件和项目管理实施规划编制。

资源管理计划必须纳入进度管理中。由于资源作为网络的限制条件，在安排逻辑关系和各工程活动时就要考虑到资源的限制和资源的供应过程对工期的影响。通常在工期计划前，人们已假设可用资源的投入量。因此，如果网络编制时不顾及资源供应条件的限制，则网络计划是不可执行的。

资源管理计划必须纳入项目成本管理中，以作为降低成本的重要措施。

在制定实施方案以及技术管理和质量控制中必须包括资源管理的内容。

（二）项目资源管理计划的内容

1. 资源管理制度

资源管理制度包括人力资源管理制度、材料管理制度、机械设备管理制度、技术管理制度、资金管理制度。

2. 资源使用计划

资源使用计划包括人力资源使用计划、材料使用计划、机械设备使用计划、技术计划、资金使用计划。

3. 资源供应计划

资源供应计划包括人力资源供应计划、材料供应计划、机械设备供应计划、资金供应计划。

4. 资源处置计划

资源处置计划包括人力资源处置计划、材料处置计划、机械设备处置计划、技术处置计划、资金处置计划。

（三）项目资源管理计划编制的依据

1. 项目目标分析

通过对项目目标的分析，把项目的总体目标分解为各个具体的子目标，以便于了解项目所需资源的总体情况。

2. 工作分解结构

工作分解结构确定了完成项目目标所必须进行的各项具体活动，根据工作分解结构的结果可以估算出完成各项活动所需资源的数量、质量和具体要求等信息。

3. 项目进度计划

项目进度计划提供了项目的各项活动何时需要相应的资源以及占用这些资源的时间，据此，可以合理地配置项目所需的资源。

4. 制约因素

在进行资源计划时，应充分考虑各类制约因素，如项目的组织结构、资源供应条件等。

5. 历史资料

资源计划可以借鉴类似项目的成功经验，以便项目资源计划的顺利完成，既可节约时间又可降低风险。

（四）项目资源管理计划编制的过程

项目资源管理计划是施工组织设计的一项重要内容，应纳入工程项目的整体计划和组织系统中。通常，项目资源计划应包括如下过程。

1. 确定资源的种类、质量和用量

根据工程技术设计和施工方案，初步确定资源的种类、质量和需用量，然后再逐步汇总，最终得到整个项目各种资源的总用量表。

2. 调查市场上资源的供应情况

在确定资源的种类、质量和用量后，即可着手调查市场上这些资源的供应情况。其调查内容主要包括各种资源的单价，据此进而确定各种资源所需的费用；调查如何得到这些资源，从何处得到这些资源，这些资源供应商的供应能力怎样、供应的质量如何、供应的稳定性及其可能的变化；对各种资源供应状况进行对比分析等。

3. 资源的使用情况

主要是确定各种资源使用的约束条件，包括总量限制、单位时间用量限制、供应条件和过程的限制等。对于某些外国进口的材料或设备，在使用时还应考虑资源的安全性、可用性、对周围环境的影响、国家的法规和政策以及国际关系等因素。

在安排网络时，不仅要在网络分析和优化时加以考虑，在具体安排时更需注意，这些约束性条件多是由项目的环境条件，或企业的资源总量和资源的分配政策决定的。

4. 确定资源使用计划

通常是在进度计划的基础上确定资源的使用计划的，即确定资源投入量—时间关系直方图（表），确定各资源的使用时间和地点。在做此计划时，可假设它在活动时间上平均分配，从而得到单位时间的投入量（强度）。进度计划的制订和资源计划的制订，往往需要结合在一起共同考虑。

5. 确定具体资源供应方案

在编制的资源计划中，应明确各种资源的供应方案、供应环节及具体时间安排等，如人力资源的招雇、培训、调遣、解聘计划，材料的采购、运输、仓储、生产、加工计划等。如把这些供应活动组成供应网络，应与工期网络计划相互对应，协调一致。

6. 确定后勤保障体系

在资源计划中，应根据资源使用计划确定项目的后勤保障体系，如确定施工现场的水电管网的位置及其布置情况，确定材料仓储位置、项目办公室、职工宿舍、工棚、运输汽车的数量及平面布置等。这些虽不能直接作用于生产，但对项目的施工具有不可忽视的作用，在资源计划中必须予以考虑。

第二节　建筑工程项目资源管理内容

一、生产要素管理

（一）生产要素概念

生产要素是指形成生产力的各种要素，主要包括人、机器、材料、资金与管理。对建筑工程来说，生产要素是指生产力作用于工程项目的有关要素，也可以说是投入工程中的诸多要素。由于建筑产品具有一次性、固定性、建设周期长、技术含量高等特殊特性，可以将建筑工程项目生产要素归纳为：人、材料、机械设备、技术等方面。

（二）建筑工程项目生产要素管理概述

生产要素管理就是对诸要素的配置和使用所进行的管理，其根本目的是节约劳动成本。

1. 建筑工程项目生产要素管理的意义

进行生产要素优化配置，即适时、适量、比例恰当、位置适宜地配备或投入生产要素，以满足施工需要。

进行生产要素的优化组合，即投入工程项目的各种生产要素在施工过程中搭配适当，协调地在项目中发挥作用，有效地形成生产力，适时、合格地完成建筑工程。

在工程项目运转过程中，对生产要素进行动态管理。项目执行的全过程是一个持续演变的过程，其中对生产要素的需求也在不断地改变，平衡状态是相对的，而不平衡状态则是绝对的。因此，生产要素的分配和组合需要持续地调整，这就要求进行动态的管理。动态管理旨在优化资源配置和组合，而动态管理则是实现这些优化配置和组合的有效手段和保障。动态管理的核心思想是根据项目的固有规律，对生产要素进行有效的规划、组织、调整和控制，确保它们在项目中得到合理的流动，并在项目的动态变化中找到一个平衡点。

在工程项目运行中，合理地、节约地使用资源，以达到节约资源（资金、材料、设备、劳动力）的目的。

2. 建筑工程项目生产要素管理的内容

生产要素管理的主要内容包括生产要素的优化配置、生产要素的优化组合、生产要素的动态管理三个方面。

（1）生产要素的优化配置，就是按照优化的原则安排生产要素，按照项目所必需的生产要素配置要求，科学而合理地投入人力、物力、财力，使其在一定资源条件下实现最佳的社会效益和经济效益。

　　具体来说，对建筑工程项目生产要素的优化配置主要包括对人力资源（即劳动力）的优化配置、对材料的优化配置、对资金的优化配置和对技术的优化配置等几个方面。

　　（2）生产要素的优化组合。生产要素的优化组合是生产力发展的标志。随着科学技术的进步和现代管理方法与手段的运用，生产要素优化组合将对提高施工企业管理集约化程度起到推动作用。其内容一是指生产要素的自身优化，即各种要素的素质提高的过程；二是在优化基础上的结合，各要素有机结合发挥各自优势。

　　（3）生产要素的动态管理。生产要素的动态管理是指依据项目本身的动态过程而产生的项目施工组织方式。项目动态管理以施工项目为基点来优化和管理企业的人、财、物，以动态的组织形式和一系列动态的控制方法来实现企业生产诸要素按项目要求的最佳组合。

（三）生产要素管理的方法和工具

1. 生产要素优化配置方法

　　不同的生产要素，其优化配置方法各不相同，可根据生产要素特点确定。常用的方法有网络优化方法、优选方法、界限使用时间法、单位工程量成本法、等值成本法及技术经济比较法。

2. 生产要素动态管理方法

　　动态管理的常用方法有动态平衡法、日常调度、核算、生产要素管理评价、现场管理与监督、存储理论与价值工程等。

二、人力资源管理

（一）建筑工程项目人力资源管理概述

1. 人力资源管理含义

　　人力资源管理这一概念主要是指通过掌握的科学管理办法，来对一定范围内的人力资源进行必要的培训和科学的组织，以便实现人力资源与物力资源的充分利用。在人力资源管理工作中，较为重要的一点就是对工作人员的思想情况、心理特征以及实际行为进行有效的引导，以便充分激发工作人员的工作积极性，让工作人员能够在自己的工作岗位上发光发热，适应企业的发展脚步。

2. 人力资源管理在建筑工程项目管理中的重要性

作为企业管理活动中不可或缺的一环，人力资源管理的质量水平将对企业的长期稳健发展起到至关重要的作用。对建筑企业而言，这一点也同样适用。这是因为在建筑工程项目管理过程中，充分利用人力资源管理的优势可以帮助企业累积人才资源，并将这些人才转化为企业的核心竞争力，进而通过人力资源的优化配置来促进建筑企业的可持续发展。

（二）建筑工程项目人力资源管理问题

1. 管理者观念的落后

随着社会持续进步，各个行业在追求可持续发展的道路上都需要更新和适应新的管理理念。特别是在建筑行业，当前大多数建筑企业在人力资源管理方面的观念相对陈旧。这不仅导致企业无法合理地配置和培训人力资源，也无法培养出一批优秀的人才。更进一步，这种落后的管理观念还会严重妨碍人力资源管理工作的开展，并可能对企业员工的岗位培训和调动产生负面影响。另外，一些人力资源管理人员由于对信息技术缺乏准确的理解，无法运用现代化的视角来改变人力资源管理的工作观念，这对建筑企业的长期发展是不利的。

2. 人力资源管理体系的不完善

目前，我国的一些建筑公司并没有给予人力资源管理足够的关注，也没有形成一个完善的人力资源管理框架，这导致了人力资源管理难以得到有效的制度支持。在这样一个不够完善的管理体系的指导下，人力资源管理的工作质量也无法得到有效的保障。尽管有些建筑公司已经建立了自己的人力资源管理体系，但由于缺乏及时的更新和优化，这些企业无法满足现有的人力资源管理需求，也因此无法为其未来的发展提供稳固的人力资源基础。因此，不完善的人力资源管理体系也成了影响建筑行业人力资源管理质量的核心问题。

3. 缺乏完善的激励机制

目前，我国的建筑企业在人力资源管理方面普遍缺乏一个健全的激励机制。这主要是因为部分人力资源管理人员没有充分认识到奖金在激励员工方面的重要性，也没有有效地利用奖金来激发员工的工作积极性和热情。因此，这样的状况不利于在建筑企业内部建立一个健康的竞争环境，也不利于企业的长期稳健发展。同时，晋升制度也存在一些不足之处。

在我国，许多建筑公司在对员工进行职位晋升的过程中，往往忽视了对其工作绩效的评估，或者只关注了他们的工作表现。然而，这种做法并没有达到预期的效果，从而在某种程度上削弱了员工的工作积极性，也不能确保他们能够全心全意地投入工作中，这对于实现公司的经营和发展目标是非常不利的。

（三）建筑工程项目人力资源管理优化

1. 管理者观念的转变

建筑工程公司应当高度重视学习和应用先进的管理思想，摒弃过时和落后的管理理念，以便为提升其人力资源管理能力打下坚实的理论基础。为了提升建筑工程项目的人力资源管理水平，企业的人力资源管理者需要高度重视自己的专业能力提升，积极地吸收和学习新的管理观念，并充分运用互联网信息技术等手段来进行自我能力的锻炼和提升。

2. 健全管理人才培养模式

健全管理人才培养模式，要从提高管理团队的综合素质与专业水平出发，通过这些方面来实现对人力资源管理工作质量的提升。这是由于工作人员是建筑企业开展人力资源管理工作的主体，其素质状况直接影响着人力资源管理工作效果的发挥。

3. 建立完善的激励机制

建筑公司需要高度重视激励机制的构建和完善，以确保能够最大限度地激发员工的工作热情。为了激发员工的主观积极性，我们需要将员工的工作表现与其薪资标准相结合。此外，对于那些在工作中表现出色且态度认真的员工，我们应该给予他们口头上的称赞和其他精神上的激励，这样可以在公司内部营造一个积极、持续提高自己能力的工作环境。除此之外，公司还应该密切关注员工的日常绩效考核与其职位晋升的关系，并注重完善和优化人才晋升的机制，鼓励员工自我提升，以促进公司的持续健康成长。

三、建筑材料管理

（一）材料供应管理

一般而言，当前材料选择通常指的是在建筑相关工程立项后，由相关施工单位展开自主采购。且在实际采购过程中，既要严格遵循相关条例的规定，又要满足设计中的材料说明要求。对材料供应商应签订正规合法的采购合同，而对防水材料、水电材料、装饰材料、保温材料、砌筑材料、碎石、沙子、钢筋、水泥等采取材料备案证明管理，同时实施材料进场记录。

1. 供应商的选择

在建筑材料市场中，选择合适的供应商是材料供应管理的首要任务。在挑选供应商时，应特别注意以下几点：首先，采购人员需要对供应商提供的材料进行详细比较，仔细检查材料的制造商，并对供应商的资质进行严格审核，确保所有建筑材料都符合国家的标准要求；其次，在正式签署采购合同之前，还需对现场的建筑材料检测报告、出厂合格证明以及复试报告等进行核实；最后，与供应商直接签署的合同必须在法律的保护下才能发挥其有效的作用。

2. 制订采购计划文件

当前在确定好供应商之后，就要开始编制相应的计划文件。这就需要相关的采购员严格依据施工进度方案、施工内容以及设计内容，对具体的采购计划进行比较细致地研究，从而制订出完善的采购方案。并且，采购员必须对采购材料的质量进行科学化的检测，进而确保材料本身所具备的功能可以达到施工要求，更加有效地进行成本把控。

3. 材料价格控制

在建筑工程的相关项目中，涉及的材料种类繁多，有时需要与多家材料供应商合作。因此，在建筑材料的采购过程中，采购人员应开展市场调查，走访几家供应商，以确保对实际价格的有效控制。在确保达到设计和施工标准的前提下，最终购买的材料应尽量降低其价格。同时，应最大程度上减少复合材料的实际运输成本，从而实现对材料的有效管理。

4. 进厂检验管理

在建筑材料购买之后，要严格进行材料进场验收，由监理单位和施工企业对进场材料进行检验，对材料的证明文件、检测报告、复试报告以及出厂合格证进行审核。同时，委托具有相应资质的检测单位对进厂材料按批次取样检验，并做好备案。检验结果不合格的材料坚决不能进厂使用，只有检验结果合格的材料才能进行使用。

（二）施工材料管理

1. 材料的存放

建设单位必须指派专门的人员来管理材料，并对材料进行分类，以防止材料间的化学反应影响其使用。同时，还需要对材料的入库和出库时间、合作生产厂家和材料的报告等进行详细登记。在项目部门领取材料进行施工时，施工人员必须持有领料小票并签字，这将有助于施工后期建筑材料的回收和再利用。

当建筑施工即将完成时，建设单位的员工需要将实际使用的建筑材料与预定的使用量进行对比，记录所有使用的建筑材料数据，并将剩下的材料进行回收和再利用。此外，他们还需要确保建筑现场的清洁，避免材料的浪费，并对剩余材料进行分类管理，以降低施工材料的成本。

2. 材料的使用

在建筑材料的使用过程中，要根据建筑材料的实际用量和计划用量合理使用建筑材料，避免运输的材料超出计划上限，要严格控制材料的使用情况，做到不过多损耗、浪费。总之，在施工阶段的建筑材料管理工作中，要合理安排材料的进库和验收工作，同时，还要掌握好施工进程，从而保证施工需要。管理人员要时常对建筑材料进行检查和记录，以防止材料的损失。

3. 材料的维护

工程施工中的一些周转材料，应当按照其规格、型号摆放，并在上次使用后，及时除锈、上油。对于不能继续使用的，应及时更换。

4. 工程收尾材料管理

做好工程的收尾工作，将主要精力放在新施工项目的转移方面。在工程接近收尾时，材料往往已经使用超过 70%，需要认真检查现场的存料，估计未完工程实际用料量，在平衡基础上，调整原有的材料计划，消减多余，补充不足，以防止出现剩料情况，从而为清理场地创造优良条件。

四、机械设备管理

（一）建筑机械设备管理与维护的重要性

1. 提高生产效率

建筑机械是建筑生产必不可少的工具，也是建筑企业投入最多的方面。随着科学技术的日新月异，机械现代化是建筑现代化的标志。机械设备的不断更新要求建筑企业要不断更新技术知识，不断适应新环境的要求。机械设备可极大提高生产效率，降低生产成本，从而使建筑企业具有更高的竞争力，在激烈的市场中赢得先机。

2. 在建筑中发挥重要作用

机械设备现代化是建筑现代化的基本条件，越先进的机械设备越能发挥整体效能，越能提高建筑生产质量。不断更新机械设备是建筑企业提高核心竞争力的关键。一些老旧设备、带病运转、安全措施不到位、产品型号混杂、安装不合理等问题都会影响到建筑企业的发展，所以，适当地对建筑机械设备进行管理与维护，对建筑工程项目的建设具有很重要的意义。

（二）建筑工程项目机械设备管理问题

1. 建筑机械设备自身缺点

施工机械的生产厂家众多，这些厂商之间在建设基地、生产规模和生产能力等方面存在显著的差异。因此，建筑机械的产品质量、结构和价格也有很大的不同。一些建筑机械制造厂的技术水平不高，导致市场上的建筑机械设备质量不一，产品质量和安全没有得到保障，这极大地增加了建筑事故的发生率。例如，在一个主要生产塔机的大城市，全国范围内的塔机广泛使用，但塔吊倒塌事故偶尔会发生。尽管可能有多种因素导致事故，但制造商对生产塔吊的质量不达标也是引发这类事故的原因之一。

随着租赁机制的不断发展，许多用于自身使用的机械设备都是通过租赁获得的。其中，部分施工升降机是自行购买的，而一些小型机械则是班组自带的。无论这些机械设备是自带还是租赁的，由于项目施工现场的机械设备长时间缺乏维护和保养，安装和拆卸都是随意的，再加上设备管理人员的工作失控，导致建筑机械设备损坏的部分没有得到及时的修复。因此，配备皮带的机械设备和木工电锯设备没有配备防护罩的情况变得越来越严重。

2. 建筑施工人员素质有待提高

在建筑施工场地，机械设备的操作人员素质不高，多数操作人员文化程度相对较低，对操作功能不熟悉、操作技能不熟练、操作经验不足，导致对突发事件的反应能力相对薄弱，更不能预测危险事项带来的后果。建筑招工人员未对员工进行岗前培训，或是岗前培训过于走形式，对施工现场需要注意的事项和技巧未能准确告知，从而导致了安全事故隐患。

3. 建筑机械设备的使用过于频繁

由于施工项目的不确定性，有些建筑施工项目未完工而另一个施工项目急需开工，建筑机械设备几乎两边跑，频繁使用造成设备保养不及时、工程机械磨损大、易发生建筑机械设备"带病"工作，加大了工作中的安全隐患。

（三）建筑机械设备维修与管理措施

1. 设立专职部门

首先，施工单位应当高度重视建筑机械设备的维修和管理工作，可以考虑设立一个专门负责机械管理和维修的部门。该部门内的所有成员都应明确各自的职责，并在出现问题时立即追究责任。如果维修和管理人员表现出色，也应给予相应的奖励措施；其次，施工单位应当加强建筑机械的管理和维护档案制度，并确保统计工作的准确性，以实现对机械设备的集中管理；最后，在实际的工程操作中，施工团队必须确保有充足的人手来管理建筑机械设备，确保人员、岗位和机器都是固定的，这样每一台机械设备都能被准确地检查，确保在操作过程中不会出现故障。

2. 增强防范意识

施工团队必须认识到，机械设备的维护和管理是他们自己的职责，特别是那些专责此项任务的工作人员。在日常生活中，他们应该持续提高自己的能力，确保不出现不恰当的维修管理行为。此外，在操作机械设备的过程中，操作人员应当珍惜这些设备，并进行适当的操作。在掌握了作业技术之后，还需要对机械设备进行全面检查，这不仅能确保设备性能始终保持在一个良好的水平，还能确保操作人员的个人安全。另外，在工程完全完成后，施工团队必须进行彻底的检查，并将相关的机械设备转移到其他的工程地点，以确保不会对其他项目的进度产生不良影响。

3. 做好建筑机械设备的日常保养

为了确保建筑机械设备始终处于最佳工作状态，我们不仅需要进行定期的维护，还要确保其日常的保养工作做得到位。首先，相关部门需要根据当前的实际状况来制定科学和合理的设备保养制度，编制详细的保养说明书，并根据不同类型的机械设备来拟定相应的保养措施，以确保机械设备的保养更为合理和有针对性；其次，机械设备的维修和管理人员需要与操作人员保持频繁的沟通，确保操作人员严格按照保养制度的规定进行操作。对于新型机械设备，维修和管理人员还需及时告知操作人员操作的关键点，以防止操作人员因误操作而损坏机械设备；最后，为了激发建筑机械设备管理和操作人员的工作热情，我们需要建立一个激励机制，将设备的技术状况、安全操作、费用消耗以及维护保养等因素纳入奖励和惩罚制度中。为了促进机械设备管理部门的工作进展，我们组织了一系列建筑机械设备的检查和评价活动。

五、项目技术管理

（一）项目技术管理的重要性

技术管理的研究起源于 20 世纪 80 年代初期，而技术管理这一独特的术语也是在这一时期诞生的。技术管理被视为一种交叉学科，其内涵比技术更为广泛。即便技术在整个组织结构中都有所体现，过去仅在车间和设备上的技术现在也可以应用于财务、市场份额和其他领域。将技术的竞争优势转化为真正的竞争力，并优化技术管理，是每一个企业家和经营者的核心职责。

所有的工程项目都是有标准的，而在实际的工程项目管理过程中，都涉及技术管理部门和相关人员的参与。此外，在众多与工程项目管理有关的学术期刊和文章中，都可以找到关于项目技术管理重要性的详细论述。在施工项目管理过程中，技术管理不仅是实施成本控制的关键工具，也是确保施工项目质量的基础措施，同时还是控制施工项目管理进度的有效手段。

（二）项目技术管理的作用

分析项目技术管理的作用，离不开项目目标实现。技术管理的作用包括保证、服务及纠偏作用。利用科学手段和方法，制订合理可行的技术路线，起到对项目目标实现的保证作用；以项目目标为技术管理目标，其所有工作内容均围绕目标并服务于目标；在项目实施过程中，依靠检测手段，出现偏差时要通过技术措施纠正偏差。

技术管理在项目中的作用大小会因项目不同而不同，它是以科学手段，提供保证项目各项目标实现的方法，是其他管理无法替代的。

（三）建筑工程项目技术管理内容

1. 技术准备阶段的内容

为了确保正式施工能够顺利进行，在前期准备阶段，不仅需要确保施工过程中所需的图纸和其他相关资料准确无误，还需要对施工方案进行多次核实和确认。强调准备工作的重要性可以显著减少图纸中潜在的质量问题。在最终确定施工方案之前，项目经理和技术管理的相关负责人应对其进行审核，并为设计方案预留一定的调整空间，以便在实际施工过程中遇到不一致的地方能够及时协调。在审核与施工相关的文件时，所有负责人都应该对关键或有争议的部分进行深入的讨论，以确定最科学的施工策略。在技术准备的过程中，明确施工所需的各种设备和材料，可以为后续的施工过程节省宝贵的材料选择时间，确保施工的顺利进行。

2. 施工阶段的内容

在施工过程中，技术管理的任务变得更为烦琐，并且需要进行大量的调整。施工过程中，无论是工程的修改、洽谈、技术难题的处理、材料的选择还是规范的实施，都离不开技术管理团队的积极参与。更明确地说，技术管理的核心是对施工项目中的技术和工艺进行细致的管理和监控。然而，施工项目是一个连贯的整体，其技术管理也会触及其他多个方面的议题。为了确保施工项目的平稳进展，我们必须强化管理内容在各个方面的整合和交流，这样才能确保项目的顺利完成。除此之外，技术管理也涵盖了施工工艺的创新和开发，能够有效地解决施工过程中遇到的技术问题，并积极地应用新的施工技术和理念，以推动施工工艺的现代化和持续进步。

3. 贯穿于整个施工工程

技术管理是企业在施工项目中实施的一系列技术组织和控制活动的综合名称。技术管理贯穿于施工工程的每一个环节，因此在施工管理过程中，它发挥着至关重要的作用。技术管理涉及施工计划的制订、施工材料的选择、施工方法以及现场安全等方面的分配，这对整个施工项目的顺利进行具有直接的影响。大家都知道，一个建设项目涵盖了众多的内容，并且所涉及的议题也相当复杂。因此，在实际的建设活动中，技术管理所涵盖的议题和内容相当丰富。技术管理的实施应当与施工管理和安全管理等多个方面具有同等的重要性。只有当各个管理环节能够达到平衡，施工工程的质量才能得到确保并顺利地完成。

第三节　建筑工程项目资源管理优化

一、项目资源管理的优化

工程项目施工需要大量劳动力、材料、设备、资金和技术，其费用一般占工程总费用的 80%以上。因此，项目资源的优化管理在整个项目的经营管理中，尤其是成本的控制中占有重要的地位。资源管理优化时应遵循以下原则：资源耗用总量最少、资源使用结构合理、资源在施工中均衡投入。

项目资源管理贯穿工程项目施工的整个过程，主要体现在施工实施阶段。承包商在施工方案的制定中要依据工程施工实际需要采购和储存材料，配置劳动力和机械设备，将项目所需的资源按时按需、保质保量地供应到施工地点，并合理地减少项目资源的消耗，降低成本。

（一）利用工序编组优化调整资源均衡计划

在大规模的工程项目中，所需资源的种类和数量都非常庞大，同时资源供应受到多种限制因素的影响，导致资源需求呈现不均衡状态。因此，制订资源计划时，必须确保对所有资源的购买、存储和使用都有一个完整的管理流程和责任机制，并明确劳动力、原材料和机械设备的供应与使用方案。

资源的规划对于施工计划的进展和成本目标的达成起到了关键的影响。施工技术方案对资源在特定时间段的需求起着决定性的作用，而在施工总体网络计划中作为限制性条件的资源，对工程施工进度具有显著影响。同时，平衡项目资源的分配和合理减少资源消耗也有助于优化施工方案的成本指标。

1. 单资源的均衡优化

对于单项资源的均衡优化，建筑企业可以利用削峰法进行局部的调整，但是对于大型工程项目整体资源的均衡，应采用"方差法"进行均衡优化。"方差法"的原理是通过逐个地对非关键线路上的某一工序的开始和完成时间进行调整，然后在这些调整所产生的许多工序优化组合中找出资源需求量最小的那个组合。然而，对于大型工程项目而言，网络计划上非关键线路上工序的数量很多，资源需求情况也很复杂，调整所产生的工序优化组合会非常多，往往使优化工作变得耗时或不可行，达不到最佳的优化效果。

实际工程中，可以通过将初始总时差相等且工序之间没有时间间隔的一组非关键线路上的工序合并为一个工序链，减少非关键线路上工序的数量，降低工序优化组合的数量。

2. 多资源的均衡优化

对于施工中的多资源均衡优化，可以利用模糊数学方法，综合资源在各种状况下的相对重要程度并排序，确定优化调整的顺序，然后再对资源进行优化调整。资源的优越性排序后，利用方差法对每一种资源计划进行优化调整。资源调整有冲突时，应根据资源的优越性排序确定调整的优先等级。

（二）推进组织管理中的团队建设与伙伴合作

项目组织作为一种组织资源，对于建筑企业在施工中节约项目管理费用有着重要的作用。建筑企业应在大型工程项目的施工与管理中加强项目管理机构的团队建设，与项目参与各方建立合作伙伴关系。

1. 承包商项目管理团队建设

通过构建项目管理团队，不仅可以增强管理人员的参与热情和积极性，还能提升他们对工作的归属感和满意度。这样不仅能形成团队的共同目标和承诺，还能优化团队成员之间的沟通和交流，从而进一步提高工作效率。通过构建项目管理团队，我们可以更好地预防承包商管理中的潜在风险，并降低管理的总成本。

建筑公司在工程项目的人力资源管理中统一整合了项目管理团队的建设。通过构建标准化的组织结构图和详细的工作岗位描述，以及建立一个绩效管理和激励评估机制，我们旨在提高团队成员的工作能力，确保团队管理流程顺畅，并实现团队的共同目标。

2. 与项目各方建立合作伙伴关系

大规模的工程项目需要多个组织的大量人员共同参与，而项目的成功则依赖于所有参与方之间的紧密合作。各参与方之间的关系不应只是以合同形式描述的冷漠工作关系，更应致力于构建更为紧密和高效的合作伙伴关系。在进行工程项目建设的过程中，由于工程的巨大规模和施工的高度复杂性，使得项目的所有参与者都认为建立合作伙伴关系是非常必要的。建筑公司在制定项目施工管理计划时，应考虑与业主、设计院、监理工程师以及其他相关方建立更紧密的合作伙伴关系，以确保工程项目能够顺利并成功地完成。

在项目管理中，合作伙伴的关系对主要的目标，如进度、质量、安全性和成本控制，都产生了显著的影响。一个成功的合作伙伴关系不仅可以缩减项目的整体时间，减少项目的总成本，提升工程的整体质量，还能确保项目的安全运行。

3. 优化材料采购和库存管理

在建筑工程项目的资源管理中，材料的购买和库存的管理占据了核心地位。材料采购管理的核心职责是确保工程施工所需的材料能够正常供应。在确保材料性能达标的基础上，管理和减少所有与采购有关的费用，这包括直接的采购成本（如材料的价格）和间接的采购成本（如材料的运输和储存费用）。此外，还需要建立一个可靠且高效的供应配套系统，以最大限度地减少资源浪费。

在大规模的工程项目中，所使用的材料种类繁多，数量庞大，体积也相当庞大，而且规格和型号也相当复杂。施工通常是在户外进行的，因此容易受到时间、气候和季节变化的影响，这导致了材料在不同季节和阶段的消耗问题变得尤为明显。在施工过程中，众多的不确定因素，例如设计的调整、业主对施工标准的变更等，都可能引发材料需求的改变。在进行材料采购的过程中，采购人员不仅需要确保材料能够及时供应，还必须考虑到市场价格的波动可能对整个工程成本产生的影响。

二、建筑工程项目资源优化

（一）建筑工程项目中资源优化的必要性与可行性

随着我国大规模的社会化生产，资源的优化问题变得越来越明显，土地供应变得越来越紧张，主要的原材料也逐渐减少，因此资源的使用和保护再次成了公众关注的重心。建筑工程是一项资源消耗巨大的项目，它不仅需要大量的建筑材料如钢材和水泥，还会占据土地和其他自然资源如植被。在建筑工程项目中，我们可以从一个宏观的视角来配置资源，确保各个项目的需求得到均衡，从而实现整个工程项目的既定目标。传统的职能型管理有一个显著的问题，那就是局部的最优解并不总是与整体的最优解一致。然而，职能部门在对项目的了解和关注上显得不够直接和及时。"项目"的特性包括难以精确评估的实施难度和随时可能出现的突发情况。在这种情况下，职能部门的传统工作模式很难有效应对项目中的各种突发状况，也不能及时为有需求的项目团队提供所需资源。

（二）资源优化的程序和方法

可以将建筑资源优化过程划分为：更新策划与资源评价、方案设计与施工设计、工程实施三个阶段来进行。

建筑资源评价是在建筑资源调查的基础上，从合理开发利用和保护建筑资源及取得最大的社会、经济、环境效益的角度出发，选择某些因子，运用科学方法，对一定区域内建筑资源本身的规模、质量、分级及开发前景和施工开发条件进行综合分析和评判鉴定的过程。

在当前阶段，资源的评估和更新策略是最关键的部分，这也构成了旧建筑资源优化任务中的主要障碍。从工作内容角度看，资源评估和概念规划不仅是建筑师职责的扩展，也将他们的研究范围从传统的只关注空间尺度、比例和造型扩展到了包括人、社会、环境生态和经济在内的多个方面。

通过对资源利用的可靠性进行评估，我们可以与相关规划进行有效的沟通。这样，我们可以将可利用的资源以定性和定量的形式展现出来，并通过文字将更新的观念程序化和逻辑化地传达给投资者和政策管理机构，最终将这些策划成果直接应用于改造和设计中。在职业生涯中，持续的连续性有助于确保更新工作在一个持续且合理的环境中进行。例如，在建筑设计的标准阶段，我们需要进行细致的优化设计，并根据每座建筑的独特性质进行细致的设计，因此，强调"优生优育"的理念是至关重要的。在选择钢筋的过程中，使用细而密集的钢筋通常会带来经济和安全的双重好处：例如，当细钢筋用作板和梁的纵筋时，可以缩短锚固长度，从而减少裂缝的宽度；当作为箍筋使用时，弯钩的长度可以被减少，同时其安全性也不会受到影响。追求性价比的理念并不意味着性价比最高的解决方案就是开发商应当追求的，而是认为最合适的方案才应被优先考虑和接受。

（三）建筑工程项目资源优化的意义

在一个工程项目的执行中，资源被视为最核心的组成部分，它为整个项目提供了必要的物质支撑，并且是工程成功实施的关键先决条件。为了真正实现资源的最优管理，确保项目执行所需的资源在适当的时机和数量被分配到合适的位置，这不仅可以减少资源的消耗，而且是降低工程成本的关键手段。

只有持续提升人力资源的培养和管理质量，我们才能最大限度地挖掘人的内在潜力。通过全方位、细致的思考和更高效的管理策略，确保项目能在较低的成本下获得更高的回报，从而真正确保进度计划的执行、工程的高质量和最佳的经济回报；仅当我们高度重视项目计划与资源计划控制的实际应用，并真心地优化项目管理策略时，我们才能按照建筑项目的进度安排，高效且合理地使用资源；只有这样，我们才能达到提升项目管理的整体效果，并进一步推动整体的优化。

三、建筑工程项目资源管理优化内容

（一）施工资源管理环节

在项目施工过程中，对施工资源进行管理，应注意以下几个环节。

1. 编制施工资源计划

编制施工资源计划的目的是对资源投入量、投入时间和投入步骤做出合理安排，以满足施工项目实施的需要，计划是优化配置和组合的手段。

2. 资源的供应

按照编制的计划，从资金来源到投入施工项目上实施，使计划得以实现，保证施工项目的需要。

3. 节约使用资源

根据每种资源的特性，制订出科学的措施，进行动态配置和组合，协调投入，合理使用，不断地纠正偏差，以尽可能少的资源满足项目的需求，达到节约的目的。

4. 合理预算

进行资源投入、使用与产出的核算，实现节约使用的目的。

5. 进行资源使用效果的分析

一方面是对管理效果的总结，找出经验和问题，评价管理活动；另一方面为管理提供储备和反馈信息，以指导以后（或下一循环）的管理工作。

（二）建筑项目资源管理的优化

目前国内在建的一些工程项目中，相当一部分施工企业还没有真正做到科学管理。在项目的计划与控制技术方面，更是缺少科学的手段和方法。要解决好这些问题，应该做到以下几点。

1. 科学合理地安排施工计划，提高施工的连续性和均衡性

安排施工计划时应考虑人工、机械、材料的使用问题，使各工种能够相互协调，密切配合，有次序、不间断地均衡施工。因此，科学合理安排人工、机械、材料在全施工阶段内能够连续均衡发挥效益是必要的，这就需要对工程进行全面规划，编制出与实际相适应的施工资源计划。

2. 做好人力资源的优化

人力资源管理是一种对人的经营。一个工程项目是否能够正常发展，关键在于对人力资源的管理。

（1）实行招聘录用制度。对所有岗位进行职务分析，制定每个岗位的技能要求和职务规范。广泛向社会招聘人才，对通过技能考核的人员，遵照少而精、宁缺毋滥的原则录用，做到岗位与能力相匹配。

（2）合理分工，开发潜能。对所有的在岗员工进行合理分工，并充分发挥个人特长，给予他们更多的实际工作机会，开发他们的潜能，做到"人尽其才"。

（3）为员工搭建一个公平竞争的平台。只有通过公平竞争才能使人才脱颖而出，才能吸引并留住真正有才能的人。

（4）建立绩效考核体系，明确考核条线，纵横对比。确立考核内容，对

技术水平、组织能力等进行考核，不同的考核运用不同的考核方法。

（5）建立晋升、岗位调换制度。以绩效为基础，以技能为主。通过考核把真正有能力、有水平的员工晋升至更重要的岗位，以发挥更大的作用。

（6）建立薪酬分配机制。对有能力、有水平的在岗员工，项目管理者应该着重使高额报酬与高绩效奖励相结合，并给予中等水平的福利待遇，调动在岗员工的积极性，使人人都有奋发向上的工作热情，形成一个有技能、创业型的团队。

（7）建立末位淘汰制度。以绩效技能考核为依据，制定并严格遵循"末位淘汰制度"，将不适应工作岗位、不能胜任本职工作的人员淘汰出局，以达到"留住人才，淘汰庸才"的目的。

3. 要做好物质资源的优化

（1）对建筑材料、资金进行优化配置。即适时、适量、比例适当、位置适宜地投入，以满足施工需要。

（2）对机械设备优化组合。即对投入施工项目的机械设备在施工中适当搭配，相互协调地发挥作用。

（3）对设备、材料、资金进行动态管理。动态管理的基本内容就是按照项目的内在规律，有效地计划、组织、协调、控制各种物质资源，使之在项目中合理流动，在动态中寻求平衡。

第四章　建筑工程环境管理

建筑工程项目环境管理是指按照法律法规、各级主管部门和企业环境方针的要求，控制作业现场可能产生污染的各项活动，保护生态环境、节约能源，避免资源浪费，进而为社会经济发展与人类的生存环境的相互协调作出贡献。建筑工程项目环境管理主要体现在项目设计方案和施工环境的控制上。项目设计方案在施工工艺的选择方面对环境的间接影响明显，施工过程则是直接影响工程建设项目环境的主要因素。保护和改善项目建设环境是保证人们身体健康、提升社会文明水平、改善施工现场环境和保证施工顺利进行的需要，是文明施工时环境管理的重要部分。

第一节　建筑工程施工现场环境管理

一、环境管理

（一）环境管理的概念

环境管理是运用计划、组织、协调、控制、监督等手段，为达到预期环境目标而进行的一项综合性活动。根据《中华人民共和国环境保护法》（中华人民共和国第十二届全国人民代表大会常务委员会第八次会议于 2014 年 4 月 24 日修订通过，自 2015 年 1 月 1 日起施行）规定，国务院环境保护行政主管部门对全国环境保护工作实施统一监督管理。由于环境管理的内容涉及土壤、水、大气、生物等各种环境因素，环境管理的领域涉及经济、社会、政治、自然、科学技术等方面，环境管理的范围涉及国家的各个部门，所以环境管理具有高度的综合性。

（二）环境管理的目的

环境管理的目的是解决环境污染和生态破坏所造成的各类环境问题，保证区域的环境安全，实现区域社会的可持续发展。具体来说，就是创建一种新的生产方式、新的消费方式、新的社会行为规则和新的发展方式。依据这一目的，环境管理的基本任务就是：转变人类社会的一系列基本观念和调整人类社会的行为，促进整个人类社会的可持续发展。

人是各种行为的实施主体，是产生各种环境问题的根源。因此，环境管理的实质是影响人的行为，只有解决人的问题，从自然、经济、社会三种基本行为入手开展环境管理，环境问题才能得到有效解决。

（三）环境管理的内容

1. 从环境管理的范围来划分

（1）资源环境管理。依据国家资源政策，以资源的合理开发和持续利用为目的，以实现可再生资源的恢复和扩大再生产、不可再生资源的节约利用和代替资源的开发为内容的环境管理。资源管理的目标是在经济发展过程中，合理使用自然资源并进行优化选择。

（2）区域环境管理。区域环境管理是以行政区划为归属边界，以特定区域为管理对象，以解决该区域内环境问题为内容的一种环境管理。

（3）部门环境管理。部门环境管理是以具体的单位和部门为管理对象，以解决该单位或部门内的环境问题为内容的一种环境管理。

2. 从环境管理的性质来划分

（1）环境规划与计划管理。环境规划与计划管理是依据规划计划而开展的环境管理。这是一种超前的主动管理。其主要内容包括：制定环境规划，对环境规划的实施情况进行检查和监督。

（2）环境质量管理。环境质量管理是一种以环境标准为依据，以改善环境质量为目标，以环境质量评价和环境监测为内容的环境管理。它是一种标准化的管理，包括环境调查、监测、研究、信息、交流、检查和评价等内容。

（3）环境技术管理。环境技术管理是一种通过制定环境技术政策、技术标准和技术规程，以调整产业结构，规范企业的生产行为，促进企业的技术改革与创新为内容，以协调技术经济发展与环境保护关系为目的的环境管理。它包括环境法规标准的不断完善、环境监测与信息管理系统的建立、环境科技支撑能力的建设、环境教育的深化与普及、国际环境科技的交流与合作等。环境技术管理要求有比较强的程序性、规范性、严谨性和可操作性。

（四）环境管理的主要手段

环境管理的手段是指为实现环境管理目标，管理主体针对客体所采取的必需、有效的手段。

1. 环境管理的法律手段

环境管理的法律手段是指管理者代表国家和政府，依据国家环境法律法规，对人们的行为进行管理以保护环境的手段。依法管理环境是控制并消除污染、保障自然资源合理利用并维护生态平衡的重要措施，是其他手段的保障和支持，通常亦称为"最终手段"。在市场经济体制和法律体系比较完备的工业发达国家中，环境管理的法律手段运用得较好。而在发展中国家，法律手段所发挥的作用较小，这是世界范围内带有普遍性的问题。

2. 环境管理的经济手段

环境管理中的经济策略是指，管理者根据国家的环境经济政策和相关经济法规，利用各种经济手段，如价格、成本、利润、信贷、利息、税务、保险、收费和罚款等，来平衡各方的经济利益，规范公众的宏观经济行为，并推动环保市场的发展，从而实现环境与经济的和谐发展，这就是利用价值规律来管理环境的方法。环境管理的经济策略的核心目标是实施物质利益的原则，通过多种经济手段来平衡各方的经济利益，限制对环境有害的经济活动，并对那些致力于环境保护的经济行为给予奖励。比如，国家采用了如排污费用、综合利润提成和污染补偿等多种制度。利用经济策略，将公司的部分利益与整个社会的共同利益紧密结合。

企业的行为是经济行为，制约和规范经济行为的最有效手段是经济手段。在环境管理中，要使经济手段发挥应有的作用，经济处罚或收费的额度必须超过其因减少环境保护投入所节省下来的费用，企业才能积极主动地调整自己的经济行为，开展污染预防和治理工作。

3. 环境管理的行政手段

环境管理的行政手段是指在国家法律监督下，各级环保行政管理机构运用国家和地方政府授予的行政权限开展环境管理的手段。例如，对污染严重而又难以治理的企业实行的关、停、并、转就属于环境管理中的行政手段。

4. 环境管理的技术手段

环境管理的技术手段是指管理者为实现环境保护目标，所采取的环境工程、环境监测、环境预测、评价、决策分析等技术，以达到强化环境执法监督的目的。环境管理的技术手段分为宏观管理技术手段和微观管理技术手段。宏观管理技术手段是指管理者为开展宏观管理所采用的各种定量化、半定量化以及程序化的分析技术。这类技术包括环境预测技术、环境评价技术和环境决策技术。

微观管理技术手段是指管理者运用各种具体的环境保护技术来规范各类经济行为主体的生产与开发活动，对企业生产和资源开发过程中的污染防治、生态保护活动实施全过程控制和监督管理的手段。

5. 环境管理的宣传教育手段

环境管理的教育手段是指运用各种形式开展环境保护的宣传教育，以增强人们的环境意识和环境保护专业知识。环境教育的根本任务是增强全民族的环境意识和培养环境保护方面的专业人才。环境教育包括专业教育、基础环境教育、公众环境教育和成人环境教育四种形式。

（1）专业教育。专业教育即全日制普通高等学校（包括大专生、本科生、研究生）、中等专业学校环境保护类的学历教育。

（2）基础环境教育。基础环境教育即大、中、小学所开展的环境保护科普宣传教育。

（3）公众环境教育。公众环境教育是公民素质教育的重要组成部分，是监督国家和政府环境行为的社会基础。

（4）成人环境教育。成人环境教育即在职岗位培训教育或继续教育。

这四种环境教育形式相互补充、相互促进，构成了环境教育的全部内容。

二、建筑施工现场的环境保护

（一）建筑施工现场环境保护及其意义

施工现场环境保护是按照法律法规、各级主管部门和企业的要求，保护和改善作业现场的环境，控制现场的各种粉尘、废水、废气、固体废弃物、噪声、振动等对环境的污染和危害。施工现场环境保护是现代化大生产的客观要求，能保证施工的顺利进行，保证人民身体健康和社会文明，节约能源，保护人类生存环境，保证社会和企业可持续发展，是一项利国利民的重要工作。

（二）施工现场的环境保护措施

1. 实行环保目标责任制

实行环保目标责任制，把环保指标以责任书的形式层层分解到有关单位和个人，列入承包合同和岗位责任制，建立一套环保监控体系。项目经理是环保工作的第一责任人，是施工现场环境保护自我监控体系的领导者和责任者，要把环保政绩作为考核项目经理的一项重要内容。

2. 加强检查和监控工作

要加强对施工现场粉尘、噪声、废气的检查、监测和控制工作。要与文明施工现场管理一起检查、考核、奖罚。及时采取措施消除粉尘、废气和污水的污染。

3. 保护和改善施工现场的环境

一方面，施工单位要采取有效措施控制人为噪声、粉尘的污染和采取措施控制烟尘、污水、噪声污染；另一方面，建设单位应该负责协调外部关系，同当地居委会、村委会、办事处、派出所、居民、施工单位、环保部门加强联系。要做好宣传教育工作，认真对待来信来访，凡能解决的问题立即解决，一时不能解决的扰民问题，也要说明具体情况，求得谅解并限期解决。

4. 严格执行国家法律法规

要有技术措施，严格执行国家法律法规。在编制施工组织设计时，必须有环境保护的技术措施。在施工现场平面布置和组织、施工过程中，都要执行国家、地区、行业和企业有关的防治空气污染、水源污染、噪声污染等有关环境保护的法律法规和规章制度。

5. 防止水、气、声、渣等的污染

环境保护的重点是防止水、气、声、渣的污染，但还应结合现场情况，注意其他污染，如光污染、恶臭污染等。

（1）防止大气污染。大气污染物包括气体状态污染物，如二氧化硫、氮氧化合物、一氧化碳、苯、苯酚、汽油等。粒子状态污染物包括降尘和飘尘。飘尘又称为可吸入颗粒物，易随呼吸进入人体肺部，危害人体健康。工程施工地对大气产生的主要污染物有锅炉、熔化炉、厨房烧煤产生的烟尘，建材破碎、筛分、碾磨、加料过程，装卸运输过程产生的粉尘，施工动力机械排放的尾气等。

施工现场空气污染的防治措施如下：

①严格控制施工现场和施工运输过程中的降尘和飘尘对周围大气的污染，可采用清扫、洒水、遮盖、密封等措施降低污染；

②严格控制有毒有害气体的产生和排放，如禁止随意焚烧油毡、橡胶、塑料、皮革、树叶、枯草、各种包装物等废弃物品，不使用有毒有害的涂料

等化学物质；

③ 所有机动车的尾气排放应符合现行国家标准。

（2）防止水源污染。水体的主要污染源和污染物包括以下几项：

① 水体污染源。水体污染源包括工业污染源、生活污染源、农业污染源等；

② 水体的主要污染物。水体的主要污染物包括各种有机和无机有毒物质以及热污染等；

③ 施工现场废水和固体废物随水流流入水体的部分，包括泥浆、水泥、油漆、各种油类、混凝土外加剂、有机溶剂、重金属、酸碱盐等。

防止水体污染的措施为：控制污水的排放，改革施工工艺，减少污水的产生，综合利用废水。

（3）防止噪声污染。噪声按照振动性质，可分为气体动力噪声、机械噪声、电磁性噪声。噪声按来源，可分为交通噪声（汽车、火车等）、工业噪声（鼓风机、汽轮机等）、建筑施工的噪声（打桩机、混凝土搅拌机等）、社会生活噪声（高音喇叭、收音机等）。

噪声控制可从声源、传播途径、接收者防护等方面来考虑。从声源上降低噪声是防止噪声污染的最根本的措施。其具体做法是：尽量采用低噪声设备和工艺代替高噪声设备与工艺，如采用低噪声振捣器、风机、电动空压机、电锯等；在声源处安装消声器消声，即在通风机、鼓风机、压缩机、燃气机、内燃机及各类排气放空装置等进出风管的适当位置设置消声器；严格控制人为噪声。从传播途径上控制噪声的方法主要有吸声、隔声、消声、减振降噪。

（4）建筑工程施工现场固体废物的处理。固体废物是生产、建设、日常生活和其他活动中产生的固态、半固态废弃物质。固体废物是一个极其复杂的废物体系，按照其化学组成，可分为有机废物和无机废物；按照其对环境和人类健康的危害程度，可以分为一般废物和危险废物。

施工工地上常见的固体废物包括：建筑渣土、废弃的散装建筑材料、生活垃圾、设备、材料等的包装材料、粪便等。

固体废物的主要处理和处置方法有：物理处理，包括压实浓缩、破碎、分选、脱水干燥等；化学处理，包括氧化还原、中和、化学浸出等；生物处理，包括好氧处理、厌氧处理等；热处理，包括焚烧、热解、焙烧、烧结等；固化处理，包括水泥固化法和沥青固化法等；回收利用，包括回收利用和集中处理等资源化、减量化的方法；处置，包括土地填埋、焚烧、储留池储存等。

三、建筑施工现场的环境管理

（一）建筑施工现场环境污染控制

1. 强化监督管理

施工企业根据 ISO 14000 环境管理标准体系建立环境管理体系，编制程序文件，制订环境保护措施。施工项目部成立以项目经理为首的环境保护小组，以预防为主，全面综合治理，建立施工现场的环境保护体系，将责任落实到施工人员。做好宣传教育工作，增强全员环保意识。

2. 加强技术防治

（1）限时施工。建筑施工应在工程开工前按照分级管理的权限，向有关部门提出申请，并说明工程项目名称、建筑施工单位名称、建筑施工场地位置、施工期限、可能排放的建筑施工噪声的强度、粉尘量、光污染以及所采取的环保措施等。同时建立环境污染投诉接待制度，明确其接待人员，接待人员对相关方提出的问题进行详细记录，并限定期限给予答复和解决。

（2）采取有效措施，隔音降噪

第一，要根据施工阶段特点，合理进行现场平面布置，将产生噪声的机械设备尽量布置在距离居民区较远的位置。

第二，开工前完成现场围墙建设，对于敏感部位或有特殊要求的施工，提前包裹降噪安全围帘。

第三，加强对操作人员的环保意识教育，降低模板拆除、物体搬运等作业产生的噪声强度。

第四，木工房、混凝土输送泵等产生强噪声的机械设备应进行全封闭隔声。

第五，选用低噪声混凝土环保振捣棒。

第六，在晚上十点至次日凌晨六点之间，任何可能产生噪声污染的机械设备和工序原则上都不得使用和施工，但特殊情况下需要使用时应提前发布安民告示并做好与周围居民的协调工作。

（二）建筑施工现场环境组织措施

对各类的施工污染进行分类采取措施之后，要保证相关的管理措施能够严格执行，并取得相应的环境保护成果，则必须实施就地控制施工现场管理的组织工作。施工现场的组织是环境影响评价中管理专项方案中的主要内容，是明确的环境保护指导性文件，便于施工管理监理单位遵循并对日常的施工做出组织协调的任务。具体的组织管理内容如下。

1. 建立施工现场全面的环境控制系统

施工管理的全面控制需要从责任和制度上完善各个体系，施工环境管理工作设置总指挥，负责管理工作的全面统筹，包括施工的技术方面、人员调控方面、设备的分配方面等，面面俱到，要层层分解，安排分工明确，责任到人，人尽其职，出现问题能够及时处理。

施工管理的总指挥可以是项目经理或同等级领导层的相关负责人，这个总指挥必须对施工管理的全方面负责任；施工技术的总工程师要对施工过程中的环境保护相关技术进行统筹管理；接下来一层的技术人员、施工人员、质量检验员、施工安全员以及仓库原料管理员等，都要各尽其职。

为保证环境保护措施能够贯彻实施到位，可以在施工现场设置大气、废水、固体废物、噪声、光污染五个污染防治组，安排五个不同的管理员任组长，对分配负责管理的施工现场严格监控。

2. 加强施工现场环境的综合治理

在施工过程中，对环境的维护不仅需要有严格的管理团队，更重要的是要确保环境保护的理念被每位施工人员所理解和接受。施工单位有权选择利用企业内部的各种宣传工具，如公告板、施工场地的标语和民工学校等，作为进行思想教育的平台，并对施工人员进行纪律、思想、职业道德和法制方面的教育。同时，如果施工场地的环境保护控制措施实施后仍未达到当地政府的标准，那么必须与施工场地附近的社区、居民（村）委员会、相关管理机构、建设管理部门，以及地方环保部门进行深入沟通。为预防污染，应提前做好充分的准备。当收到他们的信件或来访时，应积极响应并协助解决问题。如果问题解决后出现任何歧义，应及时提供经济赔偿和礼貌的解释。在获得周围居民的理解和支持后，应对施工部门进行必要的整改。

3. 搞好施工现场环境管理措施方案编制

在建筑工程施工之前，就要对施工的组织设计进行初步的规划，在规划阶段就要对施工现场的管理工作有一定的预见，对施工危险性较大的工程建筑段要编制相应的管理专项方案。编制专项管理方案前，要对施工路段周围的地质环境、天气情况、原有环境条件进行详细了解。在编制时，在确保施工顺利进行的前提下，保证施工对周围环境的不良影响范围和程度在施工管理的掌握之中。专项方案编制后，要在施工单位的技术工程师以及监理单位的审批通过后方可实施。

第二节　建筑施工人员健康安全管理

一、环境与职工健康

（一）环境与健康

环境构成了人类生存所必需的客观条件。人体的健康状况与所处的环境条件成正比。我们通常提到的环境可以分为自然的生态环境和社会的环境两大类。自然环境包含了人体所需的各种物质，而社会环境是基于自然环境，人类通过长时间的有意识劳动，创造出的物质文化和精神文化的总和，包括风俗习惯、文化教育、语言和法律、人与人之间的交往等。得天独厚的自然和社会环境为人类提供了良好的健康保障，但在恶劣的自然环境下，其对人体健康的负面影响尤为突出。如果环境中碘元素不足，人们可能会罹患被医学界称为地方性甲状腺肿的"大脖子病"；如果人们食用了野生的有毒蘑菇，可能会导致中毒甚至死亡。同理，社会环境对人们的健康状况也起到了不容忽视的作用。如果经济条件不佳，那么人们的生活质量将会受到影响，进而可能引发各种疾病，最终可能导致整体健康水平的下降。从另一个角度看，如果一个人的健康状况不佳，那么他在经济发展方面的能力会相对较弱，从而可能导致整体经济状况不佳。因此，环境因素与人的健康状况之间存在着极为紧密的联系。

（二）企业职工的身体健康

安全生产始终是企业发展的核心议题，它涉及企业的整体和谐与稳定发展。特别是在高空作业如建房和建桥这样的高难度建筑施工企业中，更应始终保持对安全的高度警觉，坚定地认识到安全责任的重要性，并始终将员工的生命安全和身体健康置于首位。实际上，这一事实已经通过大量血的教训得到了充分的证实。

企业不仅是安全生产任务的实际执行者，而且也是安全生产活动的参与者。为了确保安全生产的顺利进行，广大职工群众的积极参与是不可或缺的。只有当所有职工的安全意识都得到了增强，我们才能从根本上预防安全事故的发生。因此，企业应当从"三不伤害"的原则出发，着重提升员工的自我保护意识，加强对安全事故案例的深入分析，并通过真实的案例来教育员工，使他们深刻认识到安全事故是社会稳定的最大威胁之一。

对于企业来说，追求效益固然重要，但安全不仅是最大的收益，更是一项被视为神圣的"社会职责"。因此，企业必须妥善平衡安全与生产、安全与效益、安全与改革、安全与发展之间的关系。无论生产多么繁忙，效益有多高，发展的速度有多快，安全生产始终是企业工作的核心焦点。为了确保这项任务的顺利进行，我们必须始终遵循"以人为本"的科学发展理念，并始终将员工的生命和健康置于最重要的位置。我们必须坚定地制止那些在生产活动中忽视员工生命安全，仅仅追求项目进度和经济回报的不当做法。只有确保安全措施得到充分执行，企业才可能走向可持续的发展道路。

二、职业健康安全管理

（一）职业健康安全管理

1. 职业健康安全

职业健康安全是指影响或可能影响工作场所内的工作人员、访问者或其他人员的健康安全的条件和关系。现场施工应当以人为本，坚持安全发展，坚持安全第一、预防为主、综合治理的方针，建立并持续改进职业健康安全管理体系。

施工组织设计应注重施工安全操作和防护的需要，编制安全技术措施，应明确环境和卫生管理的目标和措施。进行施工平面图设计和安排施工计划时，应充分考虑安全、防火、防爆和职业健康等因素。

施工现场临时设施、临时道路的设置应科学合理，并应符合安全、消防、节能、环保等有关规定。施工区、材料加工及存放区应与办公区、生活区划分清晰，并应采取相应的隔离措施。施工现场应实行封闭管理，并采用硬质围挡。

施工现场出入口应标有企业名称或企业标识。主要出入口明显处应设置工程概况牌，施工现场大门内应有施工现场总平面图和安全管理、环境保护与绿色施工、消防保卫等制度牌和宣传栏。

2. 职业健康安全管理内容

职业健康安全管理主要是对危险源的管理，危险源是指可能导致人身伤害或健康损害的根源、状态或行为。施工安全危险源是指由于建造施工活动，可能导致施工现场及周围社区人员伤亡、财物损坏、环境破坏等意外的潜在不安全因素。一般来说，对人造成伤亡或者对物造成突发性损害的因素为危险因素；对影响人的身体健康而导致疾病，或者对物造成慢性损害的因素为有害因素，具体内容见表 4-1。

表 4-1　生产过程危险因素和有害因素分类

序号	危险和有害因素类别	内容
1	人的因素	在生产活动中，来自人员自身或人为性质的危险因素和有害因素
2	物的因素	机械、设备、设施、材料等方面存在的危险因素和有害因素
3	环境因素	生产作业环境中的危险因素和有害因素
4	管理因素	管理和管理责任缺失所导致的危险因素和有害因素

（二）职业健康安全事故损失的因素

职业健康安全事故损失包括直接损失和间接损失，损失的耗费远远超过医疗护理和疾病赔偿的费用，也就是说间接损失一般远远大于直接损失。风险引发事故造成损失的因素有两类：个人因素和管理系统因素。

1. 个人因素

个人因素包括如下几个方面：

（1）体能、生理结构能力不足，例如身高、体重、伸展不足，对物质敏感或有过敏症等；

（2）思维、心理能力不足，例如理解能力不足，判断不良，方向感不良；

（3）生理压力，例如感官过度负荷而疲劳，接触极端的温度，氧气不足；

（4）思维或心理压力，例如感情过度负荷，要求极端集中力和注意力等；

（5）缺乏知识，例如训练不足，误解指示等；

（6）缺乏技能，例如实习不足等；

（7）不正确的驱动力，例如不适当的同事竞争等。

2. 管理系统因素

管理系统因素包括如下。

（1）指导与监督不足，例如委派责任不清楚或冲突，权力下放不足，政策、程序、作业方式或指引给予不足等。

（2）工程设计不足，例如人的因素和人类工效学考虑不足，运行准备不足等。

（3）采购不足，例如贮存材料或运输材料不正确，危险性项目识别不足。

（4）维修不足，例如不足的润滑油和检修，不足的检验器材等。

（5）工具和设备不足，例如工作标准不足，设备非正常损耗、滥用或误用等。

三、建筑施工职工健康管理

（一）建立企业职工健康档案

1. 职工健康档案在企业中的作用

（1）企业健康档案能够真实、准确、及时地反映职工的身体健康状态，使得企业在办理招工、确定职工岗位工种、发生工伤办理工伤等级评定时，都可用完整有效的企业职工健康档案作为重要依据，防止出现弄虚作假办理病退或提前退休等不正之风。

（2）对职工本人来讲，能够减轻企业职工家庭和个人的经济和精神负担。企业组织职工进行定期的、有针对性的专项体检，并建立完善、真实、准确的职工健康档案，能够更加有效地落实"无病早防、有病早治、防患于未然"的理念，使隐伏性疾病在初始阶段就能得到控制和治疗，从根本上减轻职工家庭和个人的各种压力。

（3）职工健康体检档案是企业职工在一定时期身体状况的真实记录，它能够体现出企业对职工实实在在的人文关怀，能够体现出企业落实党中央以人为本、构建和谐社会的理念，激发职工爱岗敬业的责任意识，为企业创效打下良好的群众基础。

2. 企业职工健康档案的特点

（1）企业职工健康档案具有个人隐私性。不是每名企业职工都希望别人知道自己患有某种疾病。在自己治疗的同时，也不希望被别人感觉到与其他人有什么不同。因此，在让职工了解自己身体状况，帮助和指导职工对疾病治疗的同时，落实以人为本的理念、尊重个人隐私也是不容忽视的一点。

（2）职工健康档案具有动态性。职工本人身体状况随着年龄的增长而不断变化，每年健康检查的结果也是变化的。同时，在体检时检查出的病症也有一个逐渐演变的过程。因此，做好每次体检汇总资料、防治疾病的最好办法是早发现、早治疗，使职工的身体始终处于良好的健康状态。

（二）其他措施

（1）建议在建筑施工企业组建企业职工体质测定与监测工作管理系统。成立专门的组织，购置标准器材，培训操作与管理人员，按照我国国民体质测定标准，每年对该企业职工的身体健康状况进行测定。

（2）针对建筑施工企业职工血压和心率普遍超过国家平均水平、血脂偏高、脊椎病常发等现状，建议职工多参加跑步、游泳、登山等低强度、长时间的耐力性运动项目。

（3）针对建筑施工企业职工工作压力大、工作条件艰苦、患亚健康疾病率高以及在身体素质方面下肢力量、灵敏、耐力和男职工的柔韧性差等现状，建议职工多参加球类项目，如篮球、足球、羽毛球、乒乓球和网球等。

（4）企业成立体育兴趣小组，如篮球、羽毛球、游泳、舞蹈等，为各个小组购置相关器材，平时鼓励职工积极参加体育锻炼，也可以聘请专业教练进行指导。对于容易组织比赛的项目，经常组织单位内部各部门、外单位之间进行比赛交流活动。对于不容易组织比赛的项目，如健身操与舞蹈等可以组织文艺汇演。对优胜单位和个人进行精神和物质上的奖励，并将结果纳入年终考评的指标之一。

（5）女职工平时业余时间要照顾家务，又不宜参加大运动量项目。建议利用业余休息、节假日等时间，以单位和参与人合力出资的形式，鼓励青年女职工去健身房参加健美操、舞蹈等活动；年长女职工可以参加秧歌、腰鼓、太极拳等活动。

第三节　建筑工程环境管理与绿色施工

一、绿色管理概述

（一）绿色管理的定义

绿色管理就是将环境保护的观念融于企业的经营管理之中，它涉及企业管理的各个层次、各个领域、各个方面、各个过程，要求在企业管理中时时处处考虑环保、体现绿色。

（二）绿色管理的原则

绿色管理并非指企业活动中的某一个方面，而是贯穿于技术研发、产品生产、销售、企业文化传播等各个领域，简单概括为"5R"原则，即研究（Research）、消减（Reduce）、再开发（Reuse）、循环（Recycle）、保护（Rescue）。

（三）绿色管理的特点

（1）综合性。绿色管理是对生态观念和社会观念进行综合的整体发展。

（2）绿色管理的前提是消费者觉醒的"绿色"意识。

（3）绿色管理的基础在于绿色产品和绿色产业。

（4）绿色标准及标志呈现世界无差别性。

二、绿色管理的理论基础

（一）可持续发展理论

可持续发展概念的明确提出，最早可以追溯到 1980 年由世界自然保护联盟（IUCN）、联合国环境规划署（UNEP）以及野生动物基金会（WWF）共同发表的《世界自然保护大纲》。

1987 年以布伦兰特夫人为首的世界环境与发展委员会（WCED）发表了报告《我们共同的未来》。这份报告正式使用了可持续发展概念，并对之做出了比较系统的阐述，产生了广泛的影响。可持续发展理论是指既满足当代人的需要，又不对后代人满足其需要的能力构成危害的发展。

1. 可持续发展的主要内容

有关可持续发展的定义有 100 多种，但被广泛接受、影响最大的仍是世界环境与发展委员会在《我们共同的未来》中的定义。在该报告中，可持续发展被定义为：

"能满足当代人的需要，又不对后代人满足其需要的能力构成危害的发展。它包括两个重要概念：需要的概念和限制的概念。需要的概念，尤其是世界各国人民的基本需要，应将此放在特别优先的地位来考虑；限制的概念，技术状况和社会组织对环境满足眼前和将来需要的能力施加的限制。"

可持续发展涉及经济可持续、生态可持续和社会可持续三个方面的协调统一，要求人类在发展中讲究经济效益、关注生态和谐和追求社会公平，最终达到人的全面发展。

（1）经济可持续发展。可持续发展鼓励经济的增长，而不是以环境保护为由来取消经济增长，因为经济发展是国家实力和社会财富的基础。然而，可持续发展不只是关注经济增长的规模，更注重提升经济发展的整体质量。为了实现可持续发展，我们需要摒弃传统的"高成本、高消耗、高污染"的生产和消费模式，转向清洁生产和文明消费，这样可以在经济活动中提高效益，节约资源，并减少废物的产生。从一个特定的视角来看，集约型经济增长模式实际上是可持续发展在经济层面上的具体表现。

（2）生态可持续发展。为了实现可持续发展，经济建设与社会进步需要与自然的承载力达到和谐。在追求发展的过程中，我们必须致力于保护和优化地球的生态环境，确保自然资源和环境成本能够以可持续的方式被利用，从而使人类的进步能够在地球的承载能力范围内进行。因此，可持续发展的理念是，发展是受到限制的，没有这些限制，发展的持续性就无从谈起。虽然生态可持续发展也重视环境的保护，但它与过去那种将环境保护与社会进步视为对立面的方法有所不同。为了实现真正的可持续发展，我们需要改变我们的发展策略，从人类发展的根源出发，彻底解决环境问题。

可持续发展指出世界各国的发展阶段可以不同，发展的具体目标也各不相同，但发展的本质应包括改善人类生活质量，提高人类健康水平，创造一个保障人们平等、自由、教育、人权和免受暴力的社会环境。

在人类可持续发展系统中，经济可持续是基础，生态可持续是条件，社会可持续才是目的。

2. 可持续发展的基本思想

（1）可持续发展并不否定经济增长。经济增长不仅是人类生活和发展的必要条件，同时也是社会进步以及环境保护和改善的物质基础。我们需要明智地选择能源和原材料的使用方法，努力降低损耗、避免浪费，并减轻由经济活动带来的环境负担，以实现持续的经济增长。环境退化的根源往往隐藏在经济活动中，而要找到解决之道，我们必须从经济活动中寻求答案。我们需要特别关注经济增长过程中可能出现的偏差和误解，并从环境保护，尤其是全面资本储备的角度来纠正这些问题，以促使传统的经济增长方式逐渐向可持续发展模式转变。

（2）可持续发展以自然资源为基础，同环境承载能力相协调。追求人与自然之间的和谐关系是可持续发展的核心目标。为了实现可持续性，我们可以采用合适的经济策略、技术手段和政府的介入，旨在降低自然资源的使用速率，使其低于再生的速率。我们需要建立一个高效的利益驱动策略，鼓励企业采纳清洁的生产工艺和制造无污染的产品，同时也要引导消费者走向可持续的消费模式，并进一步推进生产方法的革新。尽管经济活动不可避免地会导致一定程度的环境污染和废物生成，但每单位经济活动产生的废物量是有可能被减少的。只要在经济决策过程中能够全面和系统地考虑环境的影响，那么可持续发展是完全有可能实现的。如果处理方式不恰当，环境恶化所需的成本将会非常巨大，甚至有可能抵消经济增长所带来的好处。

（3）可持续发展以提高生活质量为目标，同社会进步相适应。单纯追求产值的增长不能体现发展的内涵。"经济发展"比"经济增长"的概念更广泛、意义更深远。若不能使社会经济结构发生变化，不能使一系列社会发展目标得以实现，就不能承认其为"发展"，它只是所谓的"没有发展的增长"。

（4）可持续发展承认自然环境的价值。这一价值观念不仅在环境对经济体系的支持和服务方面得到体现，还在环境对生命安全体系的支撑方面有所体现。因此，应当将生产过程中环境资源的投入纳入生产成本和产品价格的计算中，并逐步对国民经济核算体系，也就是"绿色 GDP"进行修订和完善。为了全方位地展示自然资源的价值，产品的价格应该完整地体现三个方面的成本，即资源的开采成本和获取成本；与采矿、采集和使用相关的环境费用，例如环境净化的费用和环境破坏的费用；由于现代人利用了特定的资源，这导致了无法为未来几代人所利用的利益损失，也就是所谓的用户成本。产品的销售价格应由这些总成本、税收和流通成本组成，并由制造商和消费者共同承担，最后由消费者支付。

（5）可持续发展是培育新的经济增长点的有利因素。通常情况下认为，贯彻可持续发展要治理污染、保护环境、限制乱采滥伐和浪费资源，对经济发展是一种制约、一种限制。

而实际上，贯彻可持续发展所限制的是那些质量差、效益低的产业。在对这些产业做某些限制的同时，恰恰为那些质优、效高，具有合理、持续、健康发展条件的绿色产业、环保产业、保健产业、节能产业等提供了发展的良机，培育了大批新的经济增长点。

可持续发展理论成为全世界的共识，并逐渐影响到社会的生产生活，它的产生与发展为绿色管理的兴起奠定了必要的社会环境与大众意识。

（二）循环经济理论

1. 循环经济理论的产生

"循环经济"一词是美国经济学家波尔丁在 20 世纪 60 年代提出生态经济时谈到的。波尔丁受当时发射的宇宙飞船的启发来分析地球经济的发展，他认为飞船是一个孤立无援、与世隔绝的独立系统，靠不断消耗自身资源存在，最终它将因资源耗尽而毁灭。唯一使之延长寿命的方法就是要实现飞船内的资源循环，尽可能少地排出废物。同理，地球经济系统如同一艘宇宙飞船。尽管地球资源系统大得多，地球寿命也长得多，但是也只有实现对资源循环利用的循环经济，地球才能得以长存。

2. 循环经济推行的主要理念

（1）新的系统观。循环经济与生态经济都是由人、自然资源和科学技术等要素构成的大系统。要求人类在考虑生产和消费时不能把自身置于这个大系统之外，而是将自己作为这个大系统中的一部分来研究符合客观规律的经济原则。要从自然—经济大系统出发，对物质转化的全过程采取战略性、综合性、预防性措施，降低经济活动对资源环境的过度使用及对人类所造成的负面影响，使人类经济社会的循环与自然循环更好地融合起来，实现区域物质流、能量流、资金流的系统优化配置。

（2）新的经济观。就是用生态学和生态经济学规律来指导生产活动。经济活动要在生态可承受范围内进行，超过资源承载能力的循环是恶性循环，会造成生态系统退化。只有在资源承载能力之内的良性循环，才能使生态系统平衡地发展。循环经济是用先进生产技术、替代技术、减量技术和共生链接技术以及废旧资源利用技术、"零排放"技术等支撑的经济，不是传统的低水平物质循环利用方式下的经济。要求在构建循环经济的支撑技术体系上下功夫。

（3）新的价值观。在考虑自然资源时，不仅要视其为可利用的资源，而且是需要维持良性循环的生态系统；在考虑科学技术时，不仅考虑其对自然的开发能力，而且要充分考虑到它对生态系统的维系和修复能力，使之成为有益于环境的技术；在考虑人自身发展时，不仅考虑人对自然的改造能力，而且更重视人与自然和谐相处的能力，促进人的全面发展。

（4）新的生产观。就是要从循环意义上发展经济，用清洁生产、环保要求从事生产。它的生产观念是要充分考虑自然生态系统的承载能力，尽可能地节约自然资源，不断提高自然资源的利用效率。并且是从生产的源头和全过程充分利用资源，使每个企业在生产过程中少投入、少排放、高利用，达到废物最小化、资源化、无害化。上游企业的废物成为下游企业的原料，实现区域或企业群的资源最有效利用。并且用生态链条把工业与农业、生产与消费、城区与郊区、行业与行业有机结合起来，实现可持续生产和消费，逐步建成循环型社会。

循环经济理论作为一种新的经济观、系统观、价值观与生产观，为绿色管理理论进入企业经营管理中铺平了理论道路。

（三）环境经济学理论

在很长的一个阶段，人们认为水、空气等环境资源是取之不尽、用之不竭的，自然界是处理废弃物的最佳场所。最初由于生产能力和方式的局限，经济活动对自然环境的不利影响表现得不是很明显。但随着生产力的发展和人口的增长，自然环境对于人类的反作用逐渐清晰。尤其是到了 20 世纪 50 年代，由于这时期社会生产规模的急剧扩大，人口迅速增加，经济活动的频繁与密集，使得自然资源的再生不能满足当时的需要，出现了全球性的资源危机与环境破坏。随之，一些研究者开始注意到防治环境污染的经济问题，并试图论述和改变现状，而环境经济学就产生于环境科学和经济学之间的交叉地带。

众所周知，社会经济的再生产过程与自然环境之间存在着密不可分的联系，自然环境为社会生产提供物质支持，社会生产的废弃物又被排放到自然环境中。社会生产若不能遵循自然规律，打破自然环境中的平衡，后果则不堪设想。环境经济学理论就是研究合理调节人与自然的物质变换关系，在遵循自然生态平衡和物质循环的规律下，使社会经济活动的近期直接效果与长期间接效果达到统一。

环境经济学理论所主张的环境与经济效益之间的观点，为绿色管理理论在经济活动中得以实现提供了一个强有力的发展后盾。

三、建筑工程项目绿色施工

（一）建筑工程项目绿色管理的内涵

（1）建筑工程项目绿色施工是根据可持续发展的要求，在传统项目管理理论中融入绿色管理的思想。

（2）在项目管理全生命周期的每一个阶段和过程中，采用一系列有效且可操作的实施、分析、控制、评价等方法，始终坚持"绿色"主导原则。

（3）特别注重对环境、资源的管理，使实施项目在科学、合理的项目管理方法及理论指导下进行，实现环境、经济、社会三个效益的统一和谐，从而实现可持续发展。

（4）绿色管理就是在传统的项目管理基础上加入了绿色管理的理念，要求企业最大限度地节约资源、保护环境、减少污染，实现材料的循环利用，以实现经济效益与社会效益、长期利益与当前发展的和谐统一。

（二）建筑工程项目绿色管理的意义

从社会学的角度看，在生态、经济、环境、资源、管理等各方面，实现绿色工程项目管理具有较为深远的意义。

1. 环境学

环境学是一门研究环境的物理、化学、生物三个部分的学科。它提供了综合、定量和跨学科的方法来研究环境系统。由于大多数环境问题涉及人类活动，因此经济、法律和社会科学知识往往也可用于环境科学研究。所以环境学是一门研究人类社会发展活动与环境演化规律之间相互作用关系，寻求人类社会与环境协同演化、可持续发展途径与方法的科学。

从环境学的角度看，实现建筑工程项目绿色施工有利于减少环境污染，提高环境品质。绿色施工，顾名思义，应将施工过程中造成的污染降到最低，而现今大部分施工活动对环境乃至人体健康都存在严重威胁。绿色工程项目可以将这种威胁减到最小。

2. 资源学

从资源学的角度看，建筑工程项目绿色施工有利于施工过程中合理使用资源。绿色施工在资源学上有一个定义，就是在工程施工时要充分考虑自然资源，对于自然资源的利用遵循适度、循环、综合的原则，并尽可能进行充分利用，以最小的投入获得最大的产出。

3. 生态学

生态学是研究生物体与其周围环境（包括非生物环境和生物环境）相互关系的科学。目前已经发展为"研究生物与环境之间的相互关系的科学"，是有自己的研究对象、任务和方法的比较完整和独立的学科。

从生态学角度讲，建筑工程项目绿色施工应符合生态系统的运作规律，在进行建筑工程项目建造活动的同时，必须以可持续发展的眼光，充分考虑其对于生态环境的影响，保持生态系统的平衡。

4. 经济学

经济学，是研究人类社会在各个发展阶段上的各种经济活动和各种相应的经济关系及其运行、发展规律的科学。其中经济活动是人们在一定的经济关系的前提下，进行生产、交换、分配、消费以及与之有密切关联的活动，在经济活动中，存在以较少耗费取得较大效益的问题。经济关系是人们在经济活动中结成的相互关系，在各种经济关系中，占主导地位的是生产关系。

从经济学角度讲，经济效益是建筑工程项目绿色施工所追求的目标。这就要求企业提高工程的投资效益，而建筑工程项目绿色施工正是可以通过科学的管理、健康的运营等手段，提高工程的投资效益，降低工程的建设成本，创造利润，实现投资效益，进而实现经济效益。

5. 管理学

管理学是一门综合性的交叉学科，是系统研究管理活动的基本规律和一般方法的科学。管理学是适应现代社会化大生产的需要产生的，它的目的是：研究在现有的条件下，如何通过合理的组织和配置人、财、物等因素，提高生产力的水平。

从管理学角度讲，建筑工程项目绿色施工应做到在施工过程中，对人、财、物三大方面资源进行合理的组织和安排，从而保证各部门之间协调统一，平衡发展。通过对人、财、物三方面的合理组织和安排，来实现企业、资源、环境三方面之间的协调与可持续发展。

6. 社会学

社会学是从社会整体观念出发，通过社会关系和社会行为来研究社会的结构、功能、发生、发展规律的综合性学科。

从社会学角度讲，要求建筑工程项目绿色施工在追求经济效益的同时，要确保环境、资源和生态的平衡，做到经济效果、社会效果和生态效果的统一。

（三）建筑工程项目绿色施工的原则

1. 环保理念贯穿建筑工程项目管理的全过程

在建筑工程项目施工的过程中，对于每一管理环节的设计、开发、实施、竣工以及补充性服务都需要考虑对环境产生的污染与破坏情况，并将环保措施付诸实践。特别需要注意的是在决策过程中，不仅要考虑环境因素，同时要重视对环境问题与企业决策相互融合共生的研究，以此来服务于企业。

2. 努力做到社会效益、经济效益与生态效益三方共赢

建筑工程项目绿色施工管理追求的不仅仅是眼前利益，而是追求眼前利

益与长远利益的统一，追求经济效益、环境保护与社会责任三者之间的和谐，将企业发展与社会发展有机统一起来。

3. 重视资源节约与循环利用

绿色经济中，资源节约与循环利用是一个重要议题。在建筑工程项目管理中，需要克服传统管理为最大限度在工期要求内完成任务而浪费资源的缺陷，最大限度地考虑资源节约与循环利用，增加经济效益并保证生态环境。管理中开发新技术与新工艺同样是实现资源节约的重要方式。

第五章　我国建筑工程施工技术发展概况

第一节　我国建筑工程施工技术的发展

一、建筑工程施工技术的发展

我国古代建筑施工技术有着辉煌的成就，早在公元前 2000 年就已经掌握了夯填、砌筑、营造、铺瓦、油漆等方面的施工技术。

新中国成立以来，我国经过 60 多年的社会主义建设，建筑施工技术得到了不断的发展和提高，并取得了举世瞩目的成就。"一五"时期，我国建成长春第一汽车制造厂、武汉长江大桥、成渝铁路及川藏、青藏公路等 595 个大中型建设项目。此后，相继建成了人民大会堂、北京火车站、民族文化宫等"国庆十周年十大建筑"。20 世纪 60—70 年代，虽然建筑业受到国家经济困难及"文革"影响，但广大建设人员仍然努力建成了南京长江大桥、成昆铁路、胜利油田、刘家峡水电站、上海电视塔、北京饭店新楼等一大批极具影响力的工程项目。改革开放以后，上海宝山钢铁总公司、长江三峡工程、青藏铁路、大亚湾核电站、杭州湾跨海大桥、上海东方明珠塔、国家体育场"鸟巢"、西气东输与南水北调工程，以及全国各地众多的新技术开发区、新建机场、地铁工程、高速铁路等一大批举世瞩目的特大型土木建筑工程，高质量、高速度地陆续建成并投入使用，极大地促进了我国国民经济的快速发展，同时向世界展示了我国建筑业的综合实力。

在建筑施工技术方面，我国不但掌握了大型工业建筑、多高层民用建筑与公共建筑施工的成套技术，而且在地基施工中推广应用了灌注桩后注浆技术、长螺旋钻孔压灌桩技术、水泥粉煤灰碎石桩（CFG 桩）复合地基技术、真空预压法加固软土地基技术、土工合成材料应用技术、复合土钉墙支护技术、型钢水泥土复合搅拌桩支护结构技术、工具式组合内支撑技术、逆作法施工技术等新技术。

在混凝土技术中，我国推广应用高耐久性混凝土技术、高强度高性能混凝土技术、自密实混凝土技术、轻骨料混凝土技术、纤维混凝土技术、混凝土裂缝控制技术、超高泵送混凝土技术、预制混凝土装配整体式结构施工技术。

在钢筋及预应力技术中，我国推广应用高强度钢筋应用技术、钢筋焊接网应用技术、大直径钢筋直螺纹连接技术、无黏结预应力技术、有黏结预应力技术、索结构预应力施工技术、建筑用成型钢筋制品加工与配送技术、钢筋机械锚固技术。

在模板及脚手架技术中，我国推广应用清水混凝土模板技术、钢（铝）框胶合板模板技术、塑料模板技术、组拼式大模板技术、早拆模板施工技术、液压爬升模板技术、大吨位长行程油缸整体顶升模板技术、贮仓筒壁滑模托带仓顶空间钢结构整体安装施工技术、插接式钢管脚手架及支撑架技术、盘销式钢管脚手架及支撑架技术、附着升降脚手架技术、电动桥式脚手架技术等新技术。

在钢结构中，我国推广应用深化设计技术、厚钢板焊接技术、大型钢结构滑移安装施工技术、钢结构与大型设备计算机控制整体顶升与提升安装施工技术、钢与混凝土组合结构技术、住宅钢结构技术、高强度钢材应用技术、大型复杂膜结构施工技术、模块式钢结构框架组装吊装技术等。同时，我国推行绿色施工技术，如基坑施工封闭降水技术、基坑施工降水回收利用技术、预拌砂浆技术、外墙自保温体系施工技术、粘贴式外墙外保温隔热系统施工技术、现浇混凝土外墙外保温施工技术、硬泡聚氨酯外墙喷涂保温施工技术、工业废渣及（空心）砌块应用技术、铝合金窗断桥技术、太阳能与建筑一体化应用技术、供热计量技术、建筑外遮阳技术、植生混凝土技术、透水混凝土技术等。

此外，各种新型建筑材料研发成功后已在建筑施工中得到推广与使用，在抗震、加固、改造、防水、建筑信息化的应用方面均有大批新材料、新工艺、新技术、新设备、新方法等得到开发和应用。通过不断探索与研究，我国创造了一系列具有中国特色的先进施工技术，有力地推动了我国建筑施工技术的发展。我国在超高层、大跨度房屋建筑设计和施工，大江截流，大型水电机组安装及大型金属结构安装，大跨度、长距离桥梁建造，高速铁路建造等多个领域的施工技术，均已达到或超过国际先进水平。

但是，与发达国家的一些先进施工技术相比，我国还存在一定差距，特别是在机械化施工水平、新材料的施工工艺及计算机系统的应用等方面，必须加倍努力，加快实现建筑施工现代化的步伐。

二、建筑工程施工发展概况

原始人藏身于天然洞穴。进入新石器时代，人类已架木巢居，以避野兽侵扰，进而以草泥做顶，开始建筑活动。后来发展到把居室建造在地面上。到新石器时代后期，人类逐渐学会用夹板夯土筑墙，垒石为垣，烧制砖瓦。

我国是一个历史悠久和文化发达的国家，在世界科学文化的发展史上，我国人民有着极为卓越的贡献。在建筑技术方面，我国同样有巨大的成绩。在殷代，我国已开始用水测定水平，用夯实的土壤做地基，并开始在墙壁上进行涂饰。战国秦时，我国的砌筑技术已有很大发展，能用特制的楔形砖和企口砖砌筑拱券和穹窿。我国的《考工记》中记载了先秦时期的营造法则。秦以后，宫殿和陵墓的建筑已具相当大的规模，木塔的建造更显示了木构架施工技术已相当成熟。至唐代大规模城市的建造，表明房屋施工技术也达到了相当高的水平。北宋李诫编纂了《营造法式》，对砖、石、木作和装修、彩画的施工法则与工料估算方法均有较详细的规定。

至元、明、清，已能用夯土墙内加竹筋建造三四层楼房，砖石结构得到普及，木构架的整体性得到加强。清朝的《工部工程做法则例》统一了建筑构件的模数和工料标准，制定了绘样和估算的准则。现存的北京故宫等建筑表明，当时我国的建筑技术已达到很高水平。

19 世纪中叶以来，水泥和建筑钢材的出现产生了钢筋混凝土，使房屋施工进入新的阶段。我国自鸦片战争以后，在沿海城市也出现了一些用钢筋混凝土建造的多层和高层大楼，但多数由外国建筑公司承建。此时，由我国私人创办的营造厂虽然也承建了一些工程，但规模小、技术装备较差，施工技术相当落后。

新中国成立后，我国的建筑业发生了根本性变化。为了适应国民经济恢复时期建设的需要，扩大了建筑业建设队伍的规模，引入了苏联建筑技术，在短短几年内，就完成了鞍山钢铁公司、长春汽车厂等 1 000 多个规模宏大的工程建设项目。1958—1959 年在北京建设了人民大会堂、北京火车站、中国历史博物馆等结构复杂、规模巨大、功能要求严格、装饰标准高的十大建筑，更标志着我国的建筑施工开始进入一个新的发展时期。

我国建筑业的第二次大发展是在 20 世纪 70 年代后期。实行改革开放政策后，一些重要工程相继恢复和上马，工程建设再次呈现出一派繁忙景象。20 世纪 80 年代的南京金陵饭店、广州白天鹅宾馆、上海新锦江宾馆和希尔顿宾馆、北京的国际饭店和昆仑饭店等一批高度超过 100 m 的高层建筑施工，之后的上海金茂大厦、环球金融中心，北京的国家体育馆（鸟巢）、游泳馆（水立方）等奥运工程项目也带动了我国建筑工程施工技术的迅速发展。如今，建筑结构的发展可以用大跨度、超高层来形容，随着建筑材料的不断更新及建筑结构的更加完善，建筑工程施工工艺和管理也在不断地创新和发展。

在建筑施工技术方面，我们掌握了施工大型工业设施和高层民用建筑的成套技术，在地基与基础工程施工中，推广了如大直径钻孔灌注桩、超长的打设桩、深基础支护技术、旋喷桩、静压桩、深层搅拌法、强夯法、地下连续墙和"逆作法"等新技术；在主体结构工程中，应用了滑模、爬模、高大模板、台模、隧道模、组合钢模板、模板早拆技术等新型模板体系，粗钢筋焊接与直螺纹等机械连接技术，高强高性能混凝土、泵送混凝土、喷射混凝土、钢管混凝土、无砂混凝土、免振捣自流平混凝土、大体积混凝土浇筑技术以及混凝土制备和运输的机械化、数控自动化设备，升降式脚手架、悬挑脚手架以及塔吊和施工人货电梯垂直运输机械化等多项新的施工技术。另外，在预应力混凝土技术、墙体改革、装饰材料以及大跨度结构、高耸结构等方面都掌握和发展了许多新的施工技术，有力地推动了我国建筑施工技术的发展。

在建筑施工组织方面，我国在第一个五年计划期间，就在一些重点工程项目上用流水施工技术编制了指导施工的施工组织设计。进入 20 世纪 80 年代和 90 年代以后，高层建筑等大型工程项目需要更科学的施工组织设计来指导施工。计算机综合网络计划技术和工程 CAD 技术的应用，正在逐步实现在施工现场对工程进度、工程质量与安全的实时跟踪监控。现在传统的建筑施工组织模式已转成现代的项目管理模式，建筑施工组织不仅是对进度、成本、质量和安全的管理，对复杂大型的工程项目还要考虑风险等集成化管理。相信，随着计算机的普及，施工组织和工程项目管理将发展到一个更新、更高的水平。

第二节　建设项目的建设程序以及建筑工程的划分

建设程序是指建设项目从设想、选择、评估、决策、设计、施工到竣工验收，投入生产的整个建设过程中，各项工作必须遵循先后次序的法则，包括项目建议书阶段、可行性研究报告阶段、设计阶段、建设准备阶段、建设实施阶段和竣工验收后评价阶段。

建设工程一般可划分为建设项目、单项工程、单位工程三级。建筑工程质量验收应划分为单位（子单位）工程分部（子分部）工程、分项工程和检验批。

一、建设项目

建设项目又叫基本建设项目，指在一个场地上或几个场地上按一个总体设计进行施工的各个工程项目的总和。组成建设项目的单位叫建设单位（业主）。一个建设项目可以只有一个单项工程，也可以由若干单项工程组成，如一个工厂、矿山、学校、医院，一个独立的水利工程，一条公路、铁路等。

二、单项工程

单项工程又叫工程项目，是建设项目的组成部分，是指具有独立的设计文件，建成后可以独立发挥生产能力和效益的工程。如工业建设项目可分为主要生产车间、辅助生产车间、公用设施项目、办公楼、宿舍等单项工程。又如学校建设项目往往包括教学楼、实验室、图书馆、食堂、宿舍等单项工程。

三、单位工程

单位工程是单项工程的组成部分，一般不能独立发挥生产能力或使用效益，但具有相应的设计图纸和单位工程造价。在实际工程建设中，往往是按专业划分来组织设计和施工的，将一个单项工程按专业的不同划分为若干个可独立设计和施工的单位工程。如民用单项工程一般包括一般建筑工程、给排水工程、电气照明工程等单位工程；工业性单项工程则包括建筑工程、设备安装、电气安装、工业管道、建筑炉、特殊构筑物等单位工程。所以，单位工程的划分应按下列原则确定：

1. 具备独立施工条件并能形成独立使用功能的建筑物及构筑物为一个单位工程。

2. 建筑规模较大的单位工程，可将其能形成独立使用功能的部分划分为一个子单位工程。

四、分部工程

分部工程是单位工程的组成部分，是按照单位工程的不同部位、不同施工方式或不同的材料和设备种类，从单位工程中划分出来的中间产品。如建筑工程的分部工程的划分按专业性质、建筑部位确定，有地基与基础、主体结构、建筑装饰装修、建筑屋面、建筑给排水及采暖、建筑电气、智能建筑、通风与空调、电梯9个分部工程，67个子分部工程。所以，分部工程应按以下原则划分：

1. 分部工程应按专业的性质、建筑部位划分。

2. 当分部工程较大或较复杂时，可按材料种类、施工特点、施工程序、专业系统及类别等划分为若干子分部工程。

第三节　建筑工程施工技术的特点与方法

一、建筑施工的特点

（一）建筑施工的流动性

建筑产品的固定性决定了建筑施工的流动性。一般工业产品，生产者和生产设备是固定的，产品在生产线上流动。而建筑产品则相反，其产品是固定的，生产者和生产设备不仅要随着建筑物建造地点的变更而流动，还要随着建筑物的施工部位的改变在不同的空间流动。这就要求事先有一个周密的施工组织设计，使流动的人、机、物等协调配合，做到连续、均衡施工。

（二）建筑施工的工期长

建筑产品的庞大性决定了建筑施工的工期长。建筑产品在建造过程中要投入大量劳动力、材料、机械等，因而与一般工业产品相比，其生产周期较长，少则几个月，多则几年。这就要求事先有一个合理的施工组织设计，尽可能地缩短工期。

（三）建筑施工的个别性

建筑产品的多样性决定了建筑施工的个别性。不同的甚至相同的建筑物，在不同的地区、季节及现场条件下，施工准备工作、施工工艺和施工方法等也不尽相同。因此，建筑产品的生产基本上是单个"定做"，这就要求施工组织设计根据每个工程特点、条件等因素制定出可行的施工方案。

（四）建筑施工的复杂性

建筑产品的综合性决定了建筑施工的复杂性。建筑产品是露天、高空作业，甚至有的是地下作业。加上施工的流动性和个别性，必然造成施工的复杂性，这就要求施工组织设计不仅从质量、技术组织方面考虑措施，还要从安全等方面综合考虑施工方案，使建筑工程顺利地施工。

二、建筑产品及生产的技术经济特点

（一）产品的固定性与生产的流动性（显著区别于其他工业）

在建筑领域，产品的固定性是其显著特征之一，这与其他工业产品形成了鲜明对比。

产品固定性体现：建筑产品的地点是完全固定的。一旦选定了建筑地址，它就会扎根于这片土地，无法像其他工业产品那样随意移动。同时，其功能也是预先确定好的，比如住宅就是用于居住，商场就是用于商业经营等，并且使用单位也是固定的。这种固定性使得建筑产品与特定的地理位置紧密相连，成为当地环境和基础设施的一部分。

生产流动性体现：然而，建筑生产过程却充满了流动性。劳动力需要在建造地点不断移动，他们要在不同的施工区域进行作业，从基础施工到主体建设，再到装饰装修，施工人员需要在各个环节之间有序流动。材料也需要在建造地点进行运输和调配，根据施工进度和不同部位的需求，将各种建筑材料准确地送达使用地点。机械同样如此，例如塔吊需要随着建筑物的升高而进行高度调整，挖掘机、装载机等设备也会根据施工的不同阶段和区域进行移动，甚至在高度空间上也存在着频繁的移动，以满足不同高度和位置的施工要求。

（二）产品的多样性与生产的单件性

建筑产品的多样性和生产的单件性是建筑行业的重要特点。

产品多样性体现：建筑产品会受到多种因素的影响而呈现出丰富的变化。不同地区有着不同的地理环境、气候条件和文化背景，这使得建筑风格和形式各具特色。比如，在寒冷的北方，建筑往往更注重保暖性能，墙体较厚，窗户较小；而在炎热潮湿的南方，建筑则更强调通风和散热，通常会有较大的窗户和通透的空间设计。民俗也是影响建筑的重要因素，不同民族有着各自独特的建筑传统和风俗习惯，反映在建筑上就会出现各种独特的造型和装饰。此外，建筑的功能需求、所处的具体地点以及设计人的风格和理念等，都会导致建筑产品的多样性。

生产单件性体现：由于建筑产品的多样性，不同的产品、不同的地区、不同的季节以及不同的施工条件，都需要采用不同的施工方法和组织方案。例如，在软土地基上建造高层建筑和在岩石地基上建造低层建筑，所采用的基础施工方法会有很大的差异。在冬季施工和夏季施工，也需要考虑不同的施工措施，如冬季要注意混凝土的保温养护，夏季要防止混凝土水分蒸发过快等。而且，每个建筑项目都有其独特的要求和特点，无法像其他工业产品那样进行大规模的标准化生产，这就决定了建筑生产的单件性。

（三）产品的庞大性与生产的协作性、综合性

建筑产品通常具有庞大的规模，这也决定了其生产过程需要高度的协作

和综合。

产品庞大性体现：建筑产品往往具有高度大、体形大、重量大的特点。像摩天大楼，高度可达数百米；大型桥梁，跨度可能长达数千米；工业厂房，占地面积可能非常广阔。这些庞大的建筑需要消耗大量的建筑材料，其重量也相当可观。

生产协作性体现：为了完成这样庞大的建筑项目，需要多个参与方相互协作。建设单位负责项目的整体规划和资金筹集；设计单位进行建筑的设计工作，确保建筑的功能和美观；施工单位承担具体的施工任务；监理单位对施工过程进行监督和管理，保证工程质量；构件生产单位提供预制构件；材料供应单位提供各种建筑材料；运输单位负责材料和构件的运输。各个参与方之间需要密切配合，才能确保项目的顺利进行。

生产综合性体现：建筑生产还需要综合各个专业的人员、机具、设备在不同部位进行立体交叉作业。在建筑施工过程中，涉及土建、水电、消防、装修等多个专业。不同专业的人员需要在同一建筑空间内进行作业，而且施工顺序和时间安排需要精心协调。例如，在主体结构施工的同时，水电安装人员需要预留管道和孔洞；在装修阶段，不同专业的施工人员又需要在不同楼层和区域同时进行作业，这就要求对施工过程进行全面的综合管理。

（四）产品的复杂性与生产的干扰性

建筑产品的复杂性和生产过程中的干扰性是建筑行业面临的挑战之一。

产品复杂性体现：建筑产品的风格、形体、结构类型、装饰做法等都非常复杂。建筑风格多种多样，如古典风格、现代风格、后现代风格等，每种风格都有其独特的设计要求和表现手法。建筑的形体也千变万化，有方形、圆形、三角形等各种形状，还有一些不规则的异形建筑。结构类型包括框架结构、剪力墙结构、钢结构等，不同的结构类型适用于不同的建筑功能和高度要求。装饰做法更是丰富多样，从简单的墙面涂料到复杂的石材干挂、玻璃幕墙等，都增加了建筑产品的复杂性。

生产干扰性体现：建筑生产过程会受到多种因素的干扰。政策和法规的变化可能会影响项目的审批和施工进度，例如环保政策的加强可能会要求施工单位采取更严格的环保措施。周围环境也会对施工产生影响，如周边居民的投诉可能会导致施工时间的调整。自然条件如暴雨、大风、高温等恶劣天气，会影响施工的安全性和进度。此外，施工现场的安全隐患也可能导致施工中断，需要及时进行整改。

（五）产品投资大，生产周期长

建筑产品通常需要大量的资金投入，并且生产周期较长。

投资大体现：由于建筑产品的庞大性和复杂性，其建设过程需要消耗大量的资金。从土地购置、建筑材料采购、设备租赁到人员工资等，都需要巨额的资金支持。这些资金在项目建设过程中会长期占压，影响企业的资金周转。因此，建筑项目需要按计划逐步投入资金，合理安排资金的使用，以确保项目的顺利进行。

生产周期长体现：建筑生产从项目策划、设计、施工到竣工验收，通常需要较长的时间。大型建筑项目可能需要数年甚至十几年才能完成。为了提高资金的使用效率，减少资金的占用时间，建筑企业需要加快工程进度，争取及早将建筑产品交付使用，以便尽快收回投资并产生效益。

三、基本建设程序

（一）基本建设

基本建设是国民经济发展中的重要活动，它对于扩大生产能力、改善基础设施和提高人民生活水平具有重要意义。基本建设是指利用国家预算内资金、自筹资金、国内基本建设贷款以及其他专项资金进行的以扩大生产能力或新增效益为目的的新建、扩建工程及有关工作。国家预算内资金是国家为了推动经济发展和社会进步，从财政收入中安排的用于基本建设的资金；自筹资金则是建设单位通过自身的积累或其他渠道筹集的资金；国内基本建设贷款是建设单位从国内金融机构获得的用于基本建设的贷款；其他专项资金包括各种专项基金、捐赠资金等。这些资金的投入可以用于建设工厂、矿山、铁路、公路、桥梁、住宅等各种工程项目，从而促进经济的发展和社会的进步。

（二）基本建设程序

基本建设程序是进行基本建设全过程中的各项工作应遵循的顺序，它是保证基本建设项目顺利进行、提高投资效益的重要保障。基本建设程序划分为六个阶段：

1. 项目建议书阶段

这是基本建设程序的第一个阶段，项目建设单位根据国民经济和社会发展的长远规划、行业规划和地区规划，结合自身的发展需求，提出项目建设的设想和建议。项目建议书主要包括项目的必要性、建设规模、建设地点、投资估算等内容。项目建议书是对项目的初步设想，为后续的可行性研究提供依据。

2. 可行性研究阶段

在项目建议书获得批准后，需要进行可行性研究。可行性研究是对项目在技术、经济、环境等方面的可行性进行全面、深入的分析和论证。通过对市场需求、资源条件、技术方案、经济效益等方面的研究，评估项目的可行性和合理性。可行性研究报告是项目决策的重要依据，它为项目的投资决策提供了科学的依据。

3. 设计阶段

可行性研究报告获得批准后，进入设计阶段。设计阶段分为初步设计和施工图设计两个阶段。初步设计是根据可行性研究报告的要求，对项目进行总体设计，确定项目的建设规模、工艺流程、主要设备选型等。施工图设计则是在初步设计的基础上，进一步细化设计内容，绘制详细的施工图纸，为施工提供具体的指导。

4. 准备阶段

设计完成后，需要进行项目的准备工作。准备阶段主要包括征地拆迁、设备采购、施工队伍招标等工作。征地拆迁是为项目建设提供土地条件；设备采购是根据设计要求采购所需的设备；施工队伍招标是选择合适的施工单位来承担项目的施工任务。这些准备工作的顺利进行，是项目顺利实施的前提。

5. 建设实施阶段

准备工作完成后，进入建设实施阶段。在这个阶段，施工单位按照施工图纸和施工规范进行施工，建设单位对施工过程进行监督和管理。施工过程中需要注意工程质量、工程进度和工程安全等方面的问题，确保项目按照计划顺利进行。

6. 竣工验收阶段

项目建设完成后，需要进行竣工验收。竣工验收是对项目的建设质量、建设内容、投资使用等方面进行全面的检查和评估。通过竣工验收，检查项目是否符合设计要求和相关标准，是否能够投入使用。只有通过竣工验收的项目，才能正式交付使用，发挥其经济效益和社会效益。

第四节 建筑工程施工技术标准规范、规程及工法

建筑规范规程是我国建筑界常用的标准表达形式。它以建筑科学、技术和实践经验的综合成果为基础，经有关方面协商一致，由国务院有关部委批准、颁发，作为全国建筑界共同遵守的准则和依据。工程建设中的标准体系，按其等级、作用和性质的不同可分为几种类型。

按等级可分为国家标准、专业（部）标准、地方标准和企业标准 4 级；按性质可分为强制性标准和推荐性标准；按作用分为基础标准（如计量单位、名词术语符号、可靠度统一标准、荷载规范等）、材料标准（如钢筋、水泥及

其他建筑材料标准等)、设计标准(如钢结构、混凝土结构、砌体结构设计规范等)、施工标准(如各类工程的施工验收规范)检验评定标准(如混凝土预制构件、建筑安装工程质量检验评定标准)。

一、建筑工程施工技术规范

建筑施工方面的规范按工业建筑工程与民用建筑工程中的各分部工程,分别有《建筑地基基础工程施工质量验收规范》《砌体工程施工质量验收规范》《混凝土结构施工质量验收规范》《钢结构工程施工质量验收规范》《木结构工程施工质量验收规范》《屋面工程质量验收规范》《地下防水工程质量验收规范》《建筑地面工程施工质量验收规范》等国家级标准。这些规范由国家住房和城乡建设部等颁布实施,编号均带有"GB ××××—××××"或"GB/T ××××—××××"字样,如"GB 50404—2007"表示《硬泡聚氨酯保温防水工程技术规范》。各分部工程的施工及验收规范中,对施工工艺要求、施工技术要点、施工准备工作内容、施工质量控制要求以及检验方法等均做了具体、明确、原则性的规定,特别是规范中的强制性规范必须执行。因此,凡新建、改建、修复等工程,在设计、施工和竣工验收时,均应遵守相应的施工及验收规范。

二、建筑工程施工技术规程

规程(规定)比规范低一个等级,是规范的具体化,是根据规范的要求对建筑安装工程的施工过程操作方法、设备及工具的使用以及安全技术要求等所做出的具体技术规定。它属于一般行业或地区标准,由各部委或重要的科学研究单位编制,呈报规范的管理单位批准或备案后发布试行。它主要是为了及时推广一些新结构、新材料、新工艺而制定的标准,如《种植屋面工程技术规程》(JGJ 155—2013)、《健康住宅建设技术规程》(CECS 179:2017)、《现浇混凝土空心楼盖结构技术规程》(CECS 175:2014)等。这些规程除对设计计算和构造要求作出规定以外,还对其施工及验收作出规定,其内容不尽相同，根据结构与工艺特点而定。设计与施工规程（规定）一般包括总则、设计规定、计算要求、构造要求、施工规定和工程验收，有时还附有具体内容的附录。

规程试行一段时间后，在条件成熟时也可以升级为国家规范。规程的内容不能与规范抵触，如有不同，应以规范为准。对于规范和规程中有关规定条目的解释，由其发布通知中指定单位负责。随着设计与施工水平的提高，规范和规程每隔一定时间要做修订。

第六章　砌筑工程施工

第一节　砌筑工程施工准备工作

一、砂浆的制备

（一）砂浆的种类

（1）水泥砂浆：由砂、水泥加水搅拌而成，强度高，一般用在高强度及潮湿环境中。

（2）混合砂浆：在水泥砂浆中加入石灰膏或黏土膏制成，有一定的强度和耐久性，且和易性和保水性好，多用于一般墙体中。

（3）非水泥砂浆：强度低，用于临时建筑中。

（二）砂浆的使用要求

（1）砂浆用砂不得含有有害杂物。砂浆用砂的含泥量应满足下列要求：

① 水泥砂浆和强度等级不小于 M5 的水泥混合砂浆，应不超过 5%。

② 强度等级小于 M5 的水泥混合砂浆，应不超过 10%。

③ 人工砂、山砂及特细砂，经试配应能满足砌筑砂浆技术条件要求。

（2）配制水泥石灰砂浆时，不得采用脱水硬化的石灰膏。

（3）砌筑砂浆应通过试配确定配合比。当砌筑砂浆的组成材料有变化时，其配合比应重新确定。

（4）砂浆现场拌制时，各组分材料应采用重量计量。

（5）砌筑砂浆应采用机械搅拌，从投料完算起，搅拌时间应符合下列规定：

① 水泥砂浆和水泥混合砂浆不得少于 2 min；

② 水泥粉煤灰砂浆和掺用外加剂的砂浆不得少于 3 min；

③ 掺用有机塑化剂的砂浆应为 3～5 min。

（6）砂浆应随拌随用，水泥砂浆和水泥混合砂浆应分别在 3 h 和 4 h 内使用完毕；当施工期间最高气温超过 30 ℃时，应分别在 2 h 和 3 h 内使用完毕。

（7）砌筑砂浆试验收时，其强度必须符合以下规定：

同一验收批砂浆试块抗压强度平均值必须大于或等于设计强度等级所对应的立方体抗压强度，同一验收批砂浆试块抗压强度的最小一组平均值必须大于或等于设计强度等级所对应的立方体抗压强度的 75%。

还有两点需要特别注意：第一，砌筑砂浆的验收批，同一类型、强度等级的砂浆试块应不少于 3 组。当同一验收批只有 1 组试块时，该组试块抗压强度的平均值必须大于或等于设计强度等级所对应的立方体抗压强度。第二，砂浆强度应以标准养护、龄期为 28 d 的试块抗压试验结果为准。

二、砖的准备

（一）砖

普通砖尺寸为 240 mm×115 mm×53 mm，多孔砖尺寸为 240 mm×115 mm×90 mm。

强度等级：MU5、MU7.5、MU10、MU15。

外观检查：尺寸准确，无裂纹、掉角、翘曲和缺棱等严重现象。

（二）石

石分为毛石和料石两种。毛石分为乱毛石和平毛石两种，料石分为细料石、半细料石、粗料石和毛料石四种。石按质量密度分为轻石和重石两类。

（三）砌块

砌块按形状分为实心和空心两种；按加工材料分为粉煤灰、加气混凝土、混凝土、硅酸盐、石膏砌块；按规格分为大、中、小 3 种。

三、施工机具的准备

主要有砂浆搅拌机、水平及垂直运输设备、各种施工检查工具等。

（一）砂浆搅拌机

砌筑用的砂浆目前有两种来源：一种是商品砂浆，根据图纸要求，订购满足设计要求的砂浆即可；另一种是普通砂浆，现场采用机械拌制，常用的拌制机械是强制式搅拌机。

（二）运输机具

1. 水平运输机具

常用的有机动翻斗车和人力两轮手推小车两种。

2. 垂直运输机具

常用的有塔式起重机、井架、龙门架、施工电梯等。

（1）塔式起重机：塔式起重机具有提升、回转、水平运输等功能，不仅是重要的吊装设备，也是重要的垂直运输设备，尤其在吊运长、大、重的物料时有明显的优势。

（2）井架：井架通常带一个起重臂和吊盘。搭设高度可达 40 m，须设缆风绳保持井架的稳定。

（3）龙门架：龙门架是由两根三角形截面或矩形截面的立柱及横梁组成的门式架。在龙门架上设滑轮、导轨、吊盘、缆风绳等，进行材料、机具和小型预制构件的垂直运输。

（4）施工电梯：施工电梯多为人、货两用。

第二节　砌筑工程的类型与施工

一、砌体的一般要求

砌体除原材料合格外，必须有良好的砌筑质量，即整体性、稳定性和受力性能良好。一般要求灰缝横平竖直、砂浆饱满、厚薄均匀、上下错缝、内外搭砌、接槎牢固等。

二、毛石基础和砖基础砌筑

（一）毛石基础

1. 毛石基础构造

第一皮一般大面朝下坐浆砌筑，多用在条形基础中，做成阶梯形，每阶高度大于 300 mm，挑出宽度大于 200 mm。

2. 毛石基础施工要点

材料长度一般为 200～400 mm，中部厚度不宜小于 150 mm。地下水位较低时，采用水泥砂浆；地下水位较高时，采用混合砂浆。

毛石基础应分批砌筑，上下错缝，内外搭砌。每日砌筑的毛石基础高度应不超过 1.2 m。基础交接处应留踏步槎，将石块错缝砌成台阶形，便于交错咬合。不得采用外面侧立毛石、中间填心的砌筑方法；中间不得有铲口石（尖石倾斜向外的石块）、斧刃石（尖石向下的石块）和过桥石（仅在两端搭砌的石块）。

（二）砖基础

1. 砖基础构造

下设大放脚，有等高式和间隔式两种。砖每层收进 1/4 砖长，且在室内地面以下 60 mm 处设 20 mm 厚水泥砂浆防潮层，严禁用卷材代替防潮层。

2. 砖基础施工要点

清理、放线、立皮数杆、盘角、挂线、砌筑、回填土。

三、砖墙砌筑

（一）砌筑形式

砖在砌筑时有三种不同的放置方式：顺，指砖的长边沿墙的轴线平放砌筑；丁，指砖的长边与墙的轴线垂直平放砌筑；侧，指砖的长边沿墙的轴线侧放砌筑。

组砌形式有一顺一丁砌法、三顺一丁砌法、梅花丁砌法、其他砌法（如全顺式砌法、两平一侧砌法等）。

（1）一顺一丁砌法是指一皮中全部顺砖与一皮中全部丁砖间隔砌成，上下皮间竖缝相互错开 1/4 砖长。

（2）三顺一丁砌法是指三皮中全部顺砖与一皮中全部丁砖间隔砌成。上下皮顺砖间竖缝错开 1/2 砖长，上下皮顺砖与丁砖间竖缝错开 1/4 砖长。

（3）梅花丁砌法（又称沙包式、十字式）是指每皮中丁砖与顺砖相隔，上皮丁砖座中于下皮顺砖，上下皮间竖缝错开 1/4 砖长。

（二）砌筑工艺

砖墙的砌筑包括找平、放线，摆砖，立皮数杆，盘角、挂线，砌筑、勾缝，楼层轴线引测，各层标高控制（一般弹出 50～100 cm 线）。下面介绍几个主要工艺。

1. 找平、放线

砖墙砌筑前应在基础防潮层或楼层上定出各层标高，并用 M7.5 水泥砂浆或 C10 细石混凝土找平，使各段砖墙底部标高符合设计要求。找平时，上下两层外墙之间不应出现明显的接缝。

2. 摆砖

摆砖是指在放线的基面上按选定的组砌形式用干砖试摆。一般在房屋外纵墙方向摆顺砖，在山墙方向摆丁砖，通常由一个大角摆到另一个大角，砖与砖留 10 mm 缝隙。摆砖的目的是校对所放出的墨线在门窗洞口、附墙垛等处是否符合砖的模数，以尽可能减少砍砖，并使砌体灰缝均匀、组砌得当。

3. 立皮数杆

皮数杆是指上面画有每皮砖和砖缝厚度，以及门窗洞口、过梁、楼板、梁底、预埋件等标高位置的一种木制标杆。

4. 砌筑、勾缝

"三一"砌法，即一铲灰，一块砖，一挤揉，并随手将挤出的砂浆刮去。

砌砖时，先挂上通线，按所排的干砖位置把第一皮砖砌好，盘角，每次盘角不得超过六皮砖，盘角过程中应随时用托线板检查墙角是否垂直平整、砖层灰缝是否符合皮数杆标志，然后在墙角安装皮数杆，即可挂线砌第二皮以上砖。

砌筑过程中应"三皮一吊，五皮一靠"，把砌筑误差消灭在操作过程中，以保证墙面垂直平整。一砖半厚以上的砖墙必须双面挂线。

（三）砌筑的施工要点和质量要求

砖砌体的组砌要求：上下错缝，内外搭接，以保证砌体的整体性；同时组砌要有规律，少砍砖，以提高砌筑效率、节约材料。

（1）横平竖直（避免游丁走缝）。

（2）砂浆饱满：竖向灰缝不得出现透明缝、瞎缝、假缝，水平灰缝饱满度不小于80%。

（3）错缝搭砌：错缝或搭砌长度一般不少于 60 mm。

（4）接槎可靠：直槎和斜槎的留置按有关规定执行。

（5）减少不均匀沉降，每日砌筑高度不宜超过 1.8 m。

（6）保证砌体的稳定性。

全部砖墙应平行砌起，砖层必须水平，砖层位置用皮数杆控制，基面和每楼层砌完后必须校对一次基面水平、轴线和标高，允许范围内的偏差值应在基础或楼板顶面调整。砖墙的水平灰缝厚度和竖缝宽度一般为 10 mm，但不小于 8 mm，也不大于 12 mm。水平灰缝的砂浆饱满度应不低于 80%，砂浆饱满度用百格网检查。竖向灰缝宜用挤浆法或加浆法，使砂浆饱满，严禁用水冲浆灌缝。砖墙的转角处和交接处应同时砌筑，不能同时砌筑时，应砌成斜槎，斜槎长度应不小于高度的 2/3。如临时间断处留斜槎有困难，除转角处外，也可以留直槎，但必须做成阳槎，并加设拉结筋。拉结筋的数量为每 120 mm 墙厚设置一根直径 6 mm 的钢筋，间距沿墙高不得超过 500 mm；埋入长度从墙的留槎处算起，每边均应不小于 500 mm；末端应有 90° 弯钩。抗震设防地区建筑物的临时间断处不得留直槎。隔墙与墙或柱如不同时砌筑而又不留成斜槎时，可于墙或柱中引出阳槎，或于墙或柱的灰缝中预埋拉结筋。抗震设防地区建筑物的隔墙除应留阳槎外，沿墙高每 500 mm 配置 2 根 $\phi 6$ 钢筋与承重墙或柱拉结，伸入每边墙内的长度应不小于 500 mm。砖砌体接槎时，必须将接槎处的表面清理干净，浇水湿润，并应填实砂浆，保持灰缝平直。宽度小于 1 m 的窗间墙，应选用整砖砌筑，半砖和破损的砖应分散使用于墙心或受力较小部位。

留置的脚手眼对结构存在影响，因此部分部位规定不得留设脚手眼。

（1）12 cm 厚砖墙、料石清水墙和独立柱。

（2）过梁上与过梁成 60° 角的三角形范围内及过梁净跨度 1/2 的高度范围内。

（3）宽度小于 1 m 的窗间墙。

（4）梁、梁垫下及其左右各 50 cm 的范围内。

（5）砖砌体的门窗洞口两侧 20 cm 和转角处 45 cm 范围内；其他砌体的

门窗洞口两侧 30 cm 和转角处 60 cm 范围内。

（6）设计不允许设置脚手眼的部位。

注：若砖砌体脚手眼不大于 8×14 cm，可不受上述（3）、（4）、（5）条限制。

四、配筋砌体

（一）配筋砌体的构造要求

1. 砖柱网状配筋的构造

钢筋网中的钢筋间距应不大于 120 mm，并应不小于 30 mm；钢筋网片竖向间距应不大于五皮砖，并应不大于 400 mm。

2. 组合砖砌体的构造

面层混凝土强度等级宜采用 C20，面层水泥砂浆强度等级不低于 M10，砖强度等级不低于 MU10，砌筑砂浆强度等级不低于 M7.5。

3. 砖砌体和钢筋混凝土构造柱组合墙的构造

构造柱截面尺寸不小于 240×240 mm，厚度不小于墙厚；砌体与构造柱连接处砌成马牙槎，沿墙高每隔 500 mm 设 2 根 $\phi 6$ 的拉结筋，每边深入墙内不小于 500 mm，有抗震要求时不少于 1 000 mm。

4. 配筋砌块砌体的构造

配筋砌块砌体柱边长不小于 400 mm，剪力墙厚度连梁宽度应不小于 190 mm。

（二）配筋砌体的施工工艺

配筋砌体施工工艺的弹线、找平、排砖摞底、墙体盘角、选砖、立皮数杆、挂线、留槎等施工工艺与普通砖砌体要求相同，下面主要介绍其不同点。

1. 砌砖及放置水平钢筋

砌砖宜采用"三一砌砖法"，即"一块砖、一铲灰、一揉压"，水平灰缝厚度和竖直灰缝宽度一般为 10 mm，但应不小于 8 mm，也应不大于 12 mm。砖墙（柱）的砌筑应达到上下错缝、内外搭砌、灰缝饱满、横平竖直的要求。皮数杆上要标明钢筋网片、箍筋或拉结筋的位置。钢筋安装完毕并经隐蔽工程验收后方可砌上层砖，同时要保证钢筋上下至少各有 2 mm 保护层。

2. 砂浆（混凝土）面层施工

组合砖砌体面层施工前，应清除面层底部的杂物，并浇水湿润砖砌体表面。砂浆面层施工从下而上分层施工，一般应两次涂抹，第一次是刮底，使受力钢筋与砖砌体有一定保护层；第二次是抹面，使面层表面平整。混凝土面层施工应支设模板，每次支设高度一般为 50～60 cm，并分层浇筑，振捣密实，待混凝土强度达到 30%以上才能拆除模板。

3. 构造柱施工

构造柱竖向受力钢筋，底层锚固在基础梁上，锚固长度应不小于 35d（d 为竖向钢筋直径），并保证位置正确。受力钢筋接长，可采用绑扎接头，搭接长度为 35d，绑扎接头处箍筋间距应不大于 200 mm。楼层上下 500 mm 范围内箍筋间距宜为 100 mm，砖砌体与构造柱连接处应砌成马牙槎，从每层柱脚开始，先退后进，每一马牙槎沿高度方向的尺寸不宜超过 300 mm，并沿墙高每隔 500 mm 设 2ϕ6 拉结钢筋，且每边伸入墙内不宜小于 1 m；预留的拉结钢筋应位置正确，施工中不得任意弯折。浇筑构造柱混凝土之前，必须将砖墙和模板浇水湿润（若为钢模板，不浇水，刷隔离剂），并将模板内落地灰、砖渣和其他杂物清理干净。浇筑混凝土可分段施工，每段高度不宜大于 2 m，或每个楼层分两次浇筑，应用插入式振动器，分层捣实。

五、砌块砌筑

（一）砌块排列

施工前必须依平面图、立面图、门窗大小、楼层标高、构件要求绘制砌块各墙面排列图。应满足错缝对孔搭接要求，调整灰缝厚度，合理使用镶砖。

（二）砌筑工艺

1. 铺灰

采用砂浆，应具有良好的和易性，铺灰应平整饱满，每次铺灰长度不超过 5 m。

2. 砌块吊装就位

（1）用轻型塔吊运输砌块、砂浆，适用于工程量大或两幢房屋对翻流水的情况。

（2）垂直运输用井架，水平运输用砌块车，劳动车适用于工程量小的房屋。

（3）砌块吊装次序应先外后内、先远后近、先下后上，在相邻施工段之间留阶梯形斜槎。

3. 校正

用托线板检查砌块垂直度，用拉准线检查砌块水平度。

4. 灌缝

竖缝可用夹板在墙体内外夹住，然后灌浆，用竹片捣实，待砂浆吸水后用刮缝板把竖缝、水平缝刮平。

5. 镶砖

当有较大竖缝或过梁找平时，应镶砖。灰缝在 15～30 mm。此工作在砌块校正后即刻进行，且应使竖缝密实。

（三）砌块砌体质量检查

砌块砌体质量应符合下列规定。

（1）砌块砌体砌筑的基本要求与砖砌体相同，但搭接长度应不少于150 mm。

（2）外观检查应满足要求：墙面清洁，勾缝密实，深浅一致，交接平整。

（3）经试验检查，在每一楼层或 250 m³ 砌体中，一组试块（每组 3 块）同强度等级的砂浆或细石混凝土的平均强度不得低于设计强度最低值，砂浆不得低于设计强度的 75%，细石混凝土不得低于设计强度的 85%。

（4）预埋件、预留孔洞的位置应符合设计要求。

第三节 砌筑工程的质量及安全

一、砌筑工程的质量要求

（1）砌筑工程的质量应符合《砌体结构工程施工质量验收规范》（GB 50203—2011）的要求。

（2）对砌体材料的要求：砌体工程所用的材料应有产品合格证书、产品性能检测报告。块材、水泥、钢筋、外加剂等尚应有材料主要性能的进场复验报告。严禁使用国家明令淘汰的材料。

（3）任意一组砂浆试块的强度不得低于设计强度的 75%。

（4）砖砌体应横平竖直，砂浆饱满，上下错缝，内外搭砌，接槎牢固。

（5）砖、小型砌块砌体的允许偏差和外观质量标准应符合规范规定。

（6）配筋砌体的构造柱位置及垂直度的允许偏差应符合规范规定。

（7）填充墙砌体一般尺寸的允许偏差应符合规范规定。

（8）填充墙砌体的砂浆饱满度及检验方法应符合规范规定。

二、砌筑工程的安全与防护措施

在砌筑操作前，必须检查施工现场各项准备工作是否符合安全要求，如道路是否畅通，机具是否完好牢固，安全设施和防护用品是否齐全，经检查符合要求后才可施工。

施工人员进入现场必须戴好安全帽。砌基础时，应检查和注意基坑土质的变化情况。堆放砖石材料应离开坑边 1 m 以上。砌墙高度超过地坪 1.2 m 时，应搭设脚手架。架上堆放材料不得超过规定荷载值，堆砌高度不得超过三皮侧砖，同一块脚手板上的操作人员应不超过 2 人。按规定搭设安全网。

不准站在墙顶上做画线、刮缝及清扫墙面或检查大角垂直等工作。不准用不稳固的工具或物体在脚手板上垫高操作。

砍砖时应面向墙面，工作完毕应将脚手板和砖墙上的碎砖、灰浆清扫干净，防止掉落伤人。正在砌筑的墙上不准走人。不准站在墙上做画线、刮缝、吊线等工作。山墙砌完后，应立即安装桁条或临时支撑，防止倒塌。

雨天或每日下班时，应做好防雨准备，以防雨水冲走砂浆，致使砌体倒塌。冬期施工时，脚手板上如有冰霜、积雪，应先清除后才能上架子进行操作。

在构建石墙的过程中，严禁在墙的顶部或架子上添加石材，以防止墙体振动导致质量下降或石片掉落造成人员伤害。严禁用手去移动墙上的石头，以防止手指被压破或受到擦伤。严禁强行在超出胸部高度的墙壁上进行砌筑，以防止墙体在碰撞时倒塌或在上石过程中不慎跌落，从而引发安全隐患。石头不应该被投掷下去。在搬运石头的过程中，脚手架需要固定得非常稳固，并且要安装防滑条和扶手栏杆。

对于那些存在部分破损或掉落风险的砌块，严格禁止进行吊装；在吊起砌块的过程中，严格禁止让砌块悬浮在操作员的上方或进行空中修整；在进行砌块吊装的过程中，不允许在接下来的楼层上执行其他任何任务；在移除砌块的过程中，应避免产生冲击，并且砌块的堆放位置应尽可能接近楼板的两端，以确保不会超出楼板的承载能力；当砌块被成功吊装到位后，只有当砌块稳定放置之后，才能开始松动和夹紧。一旦脚手架、井架和门架都已经搭建完毕，必须由专业人员进行验收，只有在合格后才能正式投入使用。

第七章 结构工程施工

第一节 钢筋工程施工

一、钢筋的验收与配料

（一）钢筋的验收与储存

1. 钢筋的验收

钢筋进场应具有出厂证明书或试验报告单，每捆（盘）钢筋应有标牌，同时应按有关标准和规定进行外观检查和分批做力学性能试验。钢筋在使用时，如发现脆断、焊接性能不良或机械性能显著不正常等情况，则应进行钢筋化学成分检验。

2. 钢筋的储存

钢筋进场后，必须严格按批分等级、牌号、直径、长度挂牌存放，不得混淆。钢筋应尽量堆入仓库或料棚内。条件不具备时，应选择地势较高、土质坚硬的场地存放。堆放时，钢筋下部应垫高，离地至少 20 cm，以防钢筋锈蚀。在堆场周围应挖排水沟，以利排水。

（二）钢筋的下料计算

钢筋的下料是指识读工程图纸，计算钢筋下料长度和编制配筋表。

1. 钢筋下料长度

（1）钢筋长度：施工图（钢筋图）中所指的钢筋长度是钢筋外缘至外缘之间的长度，即外包尺寸。

（2）混凝土保护层厚度：指钢筋外缘至混凝土表面的距离，其作用是保护钢筋在混凝土中不被锈蚀。混凝土的保护层厚度，一般用水泥砂浆垫块或塑料卡垫在钢筋与模板之间控制。塑料卡的形状有塑料垫块和塑料环圈两种。塑料垫块用于水平构件，塑料环圈用于垂直构件。

（3）钢筋接头增加值：由于钢筋直条的供货长度一般为 6～10 m，而有的钢筋混凝土结构的尺寸很大，需要对钢筋进行接长。

（4）弯曲量度差值：钢筋弯曲时，在弯曲处的内侧发生收缩，外皮却出现延伸，而中心线则保持原有尺寸。钢筋长度的度量方法指外包尺寸，因此钢筋弯曲以后存在一个量度差值，在计算下料长度时必须扣除。

（5）钢筋弯钩增加值。弯钩形式常用的有半圆弯钩、直弯钩和斜弯钩。受力钢筋的弯钩和弯折应符合下列要求：

① HPB300 级钢筋末端应作 180° 弯钩，其弯弧内直径应不小于钢筋直径的 2.5 倍，弯钩的弯后平直部分长度应不小于钢筋直径的 3 倍；

② 当设计要求钢筋末端应作 135° 弯钩时，HRB400 级钢筋的弯弧内直径应不小于钢筋直径的 4 倍，弯钩的弯后平直部分长度应符合设计要求；

③ 钢筋做不大于 90° 的弯折时，弯折处的弯弧内直径应不小于钢筋直径的 5 倍；

④ 除焊接封闭环式箍筋外，箍筋的末端应作弯钩，弯钩形式应符合设计要求。当无具体要求时，应符合下列要求：箍筋弯钩的弯弧内直径除应满足上述要求外，尚应不小于受力钢筋直径；箍筋弯钩的弯折角度：对一般结构应不小于 90°，对有抗震等要求的结构应为 135°；箍筋弯后平直部分长度：对一般结构不宜小于箍筋直径的 5 倍，对有抗震要求的结构应不小于箍筋直径的 10 倍。

为了箍筋计算方便，一般将箍筋的弯钩增加长度、弯折减少长度两项合并成箍筋调整值。计算时将箍筋外包尺寸或内皮尺寸加上箍筋调整值即得箍筋下料长度。

2. 钢筋下料长度的计算

直筋下料长度＝构件长度＋搭接长度－保护层厚度＋弯钩增加长度

弯起筋下料长度＝直段长度＋斜段长度＋搭接长度－弯折减少长度＋

弯钩增加长度

箍筋下料长度＝直段长度＋弯钩增加长度－弯折减少长度

＝箍筋周长＋箍筋调整值

（三）钢筋配料

钢筋配料是钢筋加工中的一项重要工作，合理的配料能使钢筋得到最大限度的利用，并使钢筋的安装和绑扎工作简单化。钢筋配料是依据钢筋合理安排同规格、同品种的下料，使钢筋的出厂规格长度能够得以充分利用，或库存的各种规格和长度的钢筋得以充分利用。

（1）规整相同规格和材质的钢筋。下料长度计算完毕后，把相同规格和材质的钢筋进行规整和组合，同时根据现有钢筋的长度和能够及时采购到的钢筋的长度进行合理组合加工。

（2）合理利用钢筋的接头位置。对有接头的配料，在满足构件中接头的对焊或搭接长度、接头错开的前提下，必须根据钢筋原材料的长度来考虑接头的布置。要充分考虑原材料被截下来的一段长度的合理使用，如果能够使一根钢筋正好分成几段钢筋的下料长度，则是最佳方案，但往往难以做到。所以在配料时，要尽量地使被截下的一段长一些，不使余料成为废料，使钢筋得到充分利用。

（3）钢筋配料应注意的事项。配料计算时，要考虑钢筋的形状和尺寸在满足设计要求的前提下，有利于加工安装；配料时，要考虑施工需要的附加钢筋，如板双层钢筋中保证上层钢筋位置的撑脚、墩墙双层钢筋中固定钢筋间距的撑铁、柱钢筋骨架增加四面斜撑等。

根据钢筋下料长度计算结果和配料选择后，汇总编制钢筋配料单。在钢筋配料单中必须反映工程部位、构件名称、钢筋编号、钢筋简图及尺寸、钢筋直径、钢号、数量、下料长度、钢筋重量等。列入加工计划的配料单，将每一编号的钢筋制作一块料牌作为钢筋加工的依据，并在安装中作为区别各工程部位、构件和各种编号钢筋的标志。钢筋配料单和料牌应严格校核，必须准确无误，以免返工浪费。

（四）钢筋代换

钢筋的级别、钢号和直径应按设计要求采用，若施工中缺乏设计图中所要求的钢筋，在征得设计单位的同意并办理设计变更文件后，可按下述原则进行代换。

（1）当构件按强度控制时，可按强度相等的原则代换，称"等强代换"。如设计中所用钢筋强度为 f_{y1}，钢筋总面积为 A_{s1}；代换后钢筋强度为 f_{y2}，钢筋总面积为 A_{s2}，应使代换前后钢筋的总强度相等，即

$$A_{s2}f_{y2} \geq f_{y1}A_{s1}$$
$$A_{s2} \geq (f_{y1}/f_{y2}) \cdot A_{s1}$$

（2）当构件按最小配筋率配筋时，可按钢筋面积相等的原则进行代换，称为"等面积代换"。

二、钢筋内场加工

（一）钢筋除锈

钢筋由于保管不善或存放时间过久，就会受潮生锈。在生锈初期，钢筋表面呈黄褐色，称水锈或色锈，这种水锈除在焊点附近必须清除外，一般可不处理。当钢筋锈蚀进一步发展，钢筋表面形成一层锈皮，受锤击或碰撞可见其剥落，这种铁锈不能很好地与混凝土黏结，影响钢筋和混凝土的握裹力，并且会在混凝土中继续发展，此时需要清除。

钢筋除锈方式有三种：一是手工除锈，如用钢丝刷、砂堆、麻袋砂包、

砂盘等擦锈；二是除锈机械除锈；三是在钢筋的其他加工工序的同时除锈，如在冷拉、调直过程中除锈。

（二）钢筋调直

钢筋在使用前必须经过调直，否则会影响钢筋受力，甚至会使混凝土提前产生裂缝，如未调直而直接下料，会影响钢筋的下料长度，并影响后续工序的质量。

钢筋调直一般采用机械调直，常用的调直机械有钢筋调直机、弯筋机、卷扬机等。钢筋调直机用于圆钢筋的调直和切断，并可清除其表面的氧化皮和污迹。

（三）钢筋切断

钢筋切断有手工剪断、机械切断、氧气切割三种方法。

手工切断的工具有断线钳（用于切断直径 5 mm 以下的钢丝）、手动液压钢筋切断机（用于切断直径 16 mm 以下的钢筋、直径 25 mm 以下的钢绞线）。

机械切断一般采用钢筋切断机，它将钢筋原材料或已调直的钢筋切断，主要类型有机械式、液压式和手持式。机械式钢筋切断机有偏心轴立式、凸轮式和曲柄连杆式等。直径大于 40 mm 的钢筋一般用氧气切割。

（四）钢筋弯曲成型

钢筋弯曲成型有手工和机械弯曲成型两种方法。钢筋弯曲机有机械钢筋弯曲机、液压钢筋弯曲机和钢筋弯箍机等。

三、钢筋接头的连接

钢筋的接头连接有焊接和机械连接两类。常用的钢筋焊接机械有电阻焊接机、电弧焊接机、气压焊接机及电渣压力焊机等。钢筋机械连接方法主要有钢筋套筒挤压连接、锥螺纹套筒连接等。

（一）钢筋焊接

钢筋焊接方式有电阻点焊、闪光对焊、电弧焊、气压焊、电渣压力焊等。其中，对焊用于接长钢筋，点焊用于焊接钢筋网，电弧焊用于钢筋与钢板的焊接，电渣压力焊用于现场焊接竖向钢筋。

1. 电阻点焊

电阻点焊技术是利用电流经过焊件时产生的电阻热作为热源，并施加适当的压力，从而在交叉连接的钢筋接触区域形成一个稳固的焊点，实现钢筋的焊接连接。在点焊过程中，需要将清洁过的钢筋叠放在一起，并在两个电极之间施加预压，确保两根钢筋的交接点能够紧密结合。当踩下脚踏板时，它会驱动一个压紧装置，使上面的电极紧压钢筋。与此同时，断路器也会连接到电路，电流通过变压器的次级线圈流入电极。在极短的时间内，接触点会产生大量的电阻热，导致钢筋被加热至融化状态。在这样的压力下，两根钢筋会被焊接在一起。当脚踏板放松后，电极被释放，随着杠杆的降低，断路器切断电路并完成点焊。

2. 闪光对焊

闪光对焊是利用电流通过对接的钢筋时产生的电阻热作为热源使金属熔化，产生强烈飞溅，并施加一定压力而使之焊合在一起的焊接方式。对焊不仅能提高工效，节约钢材，还能充分保证焊接质量。

闪光对焊机由机架、导向机构、移动夹具和固定夹具、送料机构、夹紧机构、电气设备、冷却系统及控制开关等组成。闪光对焊机适用于水平钢筋非施工现场连接，适用于直径 10～40 mm 的各种热轧钢筋的焊接。

3. 电弧焊

钢筋电弧焊是以焊条作为一极，钢筋为另一极，利用焊接电流通过产生的电弧热进行焊接的一种熔焊方法。电弧焊可分为手弧焊、埋弧压力焊等。

（1）手弧焊。手弧焊是利用手工操纵焊条进行焊接的一种电弧焊。手弧焊用的焊机有交流弧焊机（焊接变压器）、直流弧焊机（焊接发电机）等。电弧焊是利用电焊机（交流变压器或直流发电机）的电弧产生的高温（可达6 000 ℃），将焊条末端和钢筋表面熔化，使熔化的金属焊条流入焊缝，冷凝后形成焊缝接头。焊条的种类很多，应根据钢材等级和焊接接头形式选择焊条，如 J420、J500 等。焊接电流和焊条直径应根据钢筋级别、直径、接头形式和焊接位置进行选择。钢筋电弧焊的接头形式有搭接接头、帮条接头、坡口接头等。

（2）埋弧压力焊。埋弧压力焊是将钢筋与钢板安放成 T 形，利用焊接电流通过时在焊剂层下产生电弧，形成熔池，加压完成的一种压焊方法。具有生产效率高、质量好等优点，适用于各种预埋件、T 形接头、钢筋与钢板的焊接。预埋件钢筋压力焊适用于热轧直径 6～25 mm HPB300 光圆钢筋、HRB400 带肋钢筋的焊接，钢板为普通碳素钢，厚度为6～20 mm。埋弧压力焊机主要由焊接电源、焊接机构和控制系统（控制箱）三部分组成。焊机结构采用摇臂式，摇臂固定在立柱上，可作左右回转活动；摇臂本身可作前后移动，以使焊接时能取得所需要的工作位置。摇臂末端装有可上下移动的工作头，其下端是用导电材料制成的偏心夹头，夹头接工作线圈，成活动电极。工作平台上装有平面型电磁吸铁盘，拟焊钢板放置其上，接通电源，能被吸住而固定不动。

在埋弧压力焊时，钢筋与钢板之间引燃电弧之后，电弧作用使局部用材及部分焊剂熔化和蒸发，蒸发气体形成一个空腔，空腔被熔化的焊剂所形成的熔渣包围，焊接电弧就在这个空腔内燃烧。在焊接电弧热的作用下，熔化的钢筋端部和钢板金属形成焊接熔池。待钢筋整个截面均匀加热到一定温度，将钢筋向下顶压，随即切断焊接电源，冷却凝固后形成焊接接头。

4. 气压焊

气压焊是利用氧气和乙炔按一定的比例混合燃烧的火焰，将被焊钢筋两端加热，使其达到热塑状态，经施加适当压力，使其接合的固相焊接法。钢筋气压焊适用于 14～40 mm 各种热轧钢筋,也能进行不同直径钢筋间的焊接,还可用于钢轨焊接。被焊材料有碳素钢、低合金钢、不锈钢和耐热合金等。钢筋气压焊设备轻便,可进行水平、垂直、倾斜等全方位焊接,具有节省钢材、施工费用低等优点。

钢筋气压焊接机由供气装置(氧气瓶、溶解乙炔瓶等)、多嘴环管加热器、加压器(油泵、顶压油缸等)、焊接夹具及压接器等组成。

钢筋气压焊采用氧-乙炔火焰对着钢筋对接处连续加热,淡白色羽状火焰前端要触及钢筋或伸到接缝内,火焰始终不离开接缝。待接缝处钢筋红热时,加足顶锻压力使钢筋端面闭合。钢筋端面闭合后,把加热焰调成乙炔稍多的中性焰,以接合面为中心,多嘴加热器沿钢筋轴向在 2 倍钢筋直径范围内均匀摆动加热。

摆幅由小变大,摆速逐渐加快。当钢筋表面变成炽白色,氧化物变成芝麻粒大小的灰白色球状物继而聚集成泡沫,开始随多嘴加热器摆动方向移动时,再加足顶锻压力,并保持压力到使接合处对称均匀变粗,其直径为钢筋直径的 1.4～1.6 倍,变形长度为钢筋直径的 1.2～1.5 倍,即可中断火焰,焊接完成。

5. 电渣压力焊

钢筋电渣压力焊是将两根钢筋安放成竖向对接形式,利用焊接电流通过两钢筋端面间隙,在焊剂层下形成电弧过程和电渣过程,产生电弧热和电阻热,熔化钢筋,加压完成的一种焊接方法。钢筋电渣压力焊机操作方便、效率高,适用于竖向或斜向受力钢筋的连接,如直径为 12～40 mm 的 HPB300 光圆钢筋、HRB400 月牙肋带肋钢筋连接。

电渣压力焊机分为自动电渣压力焊机和手工电渣压力焊机两种。主要由焊接电源(BX2-1000 型焊接变压器)、焊接夹具、操作控制系统、辅件(焊剂盒、回收工具)等组成。例如电动凸轮式钢筋自动电渣压力焊机,将上、下两根钢筋端部埋于焊剂之中,两端面之间留有一定间隙。电源接通后,采用接触引燃电弧,焊接电弧在两根钢筋之间燃烧,电弧热将两根钢筋端部熔化，熔化的金属形成熔池，熔融的焊剂形成熔渣（渣池），覆盖于熔池之上。熔池受到熔渣和焊剂蒸汽的保护，不与空气接触而发生氧化反应。随着电弧的燃烧，两根钢筋端部熔化量增加，熔池和渣池加深，此时应不断将上钢筋下送，至其端部直接与渣池接触时，电弧熄灭。焊接电流通过液体渣池产生的电阻热，继续对两钢筋端部加热，渣池温度可达 1 600～2 000 ℃。待上下钢筋端部达到全断面均匀加热时，迅速将上钢筋向下顶压，液态金属和熔渣全部挤出，随即切断焊接电源。冷却后，打掉渣壳，露出带金属光泽的焊包。

（二）钢筋机械连接

钢筋机械连接常用钢筋挤压连接和螺纹钢筋连接两种形式，是近年来大直径钢筋现场连接的主要方法。

1. 钢筋挤压连接

钢筋挤压连接亦称钢筋套筒冷压连接。它是将须连接的变形钢筋插入特制钢套筒内，利用液压驱动的挤压机进行径向或轴向挤压，使钢套筒产生塑性变形，紧紧咬住变形钢筋，从而实现连接。它适用于竖向、横向及其他方向的较大直径变形钢筋的连接。与焊接相比，具有节省电能、不受钢筋可焊性的影响、不受气候影响、无明火、施工简便和接头可靠度高等特点。

（1）钢筋径向挤压套管连接：沿套管直径方向从套管中间依次向两端挤压套管，使之冷塑性变形，把插在套管里的两根钢筋紧紧咬合成一体。它适用于带肋钢筋连接。

（2）轴向挤压套管连接：沿钢筋轴线冷挤压金属套管，把插入套管里的两根待连接钢筋紧固连成一体。它适用于连接直径 20～32 mm 的竖向、斜向和水平钢筋。

套管的材料和几何尺寸应符合接头规格的技术要求，并应有出厂合格证。套管的标准屈服承载力和极限承载力应比钢筋大 10%以上，套管的保护层厚度不宜小于 15 mm，净距不宜小于 25 mm。当所用套管外径相同时，钢筋直径相差不宜大于两个级差。

冷挤压接头的外观检查应符合以下要求。

① 钢筋连接端花纹要完好无损，不能打磨花纹；连接处不能有油污、水泥等杂物。

② 钢筋端头离套管中线应不超过 10 mm。

③ 压痕间距宜为 1～6 mm，挤压后的套管接头长度为套管原长度的 1.10～1.15 倍。挤压后套管接头外径，用量规测量应能通过（量规不能从挤压套管接头外径通过的，可更换挤压模重新挤压一次），压痕处最小外径为套管原外径的 85%～90%。

④ 挤压接头处不能有裂纹，接头弯折角度不得大于 4°。

2. 螺纹钢筋连接

（1）锥形螺纹钢筋连接。锥形螺纹钢筋连接是将两根待接钢筋的端部和套管预先加工成锥形螺纹，然后用手和力矩扳手将两根钢筋端部旋入套筒形成机械式钢筋接头。它能在施工现场连接 $\phi16\sim\phi40$ 的同径或异径的竖向、水平或任何倾角的钢筋，不受钢筋花纹及含量的限制。当连接异径钢筋时，所连接钢筋直径之差应不超过 9 mm。

钢筋套管螺纹连接有锥套管和直套管螺纹两种形式。钢筋套管内壁用专用机床加工有螺纹，钢筋的对端头亦在套丝机上加工有与套管匹配的螺纹。连接时，在检查螺纹无油污和损伤后，应先用手旋入钢筋，然后用扭矩扳手紧固至规定的扭矩即完成连接。钢筋套管螺纹连接施工速度快，不受气候影响，质量稳定，对中性好。

锥形螺纹加工套筒的抗拉强度必须大于钢筋的抗拉强度。在进行钢筋连接时，先取下钢筋连接端的塑料保护帽，检查丝扣牙形是否完好无损、清洁，钢筋规格与连接规格是否一致。确认无误后，把拧上连接套一头的钢筋拧到被连接钢筋上，并用力矩扳手按规定的力矩值拧紧钢筋接头。当听到扳手发出"咔嗒"声时，表明钢筋接头已拧紧，做好标记，以防钢筋接头漏拧。

（2）直螺纹钢筋连接。直螺纹钢筋连接是通过滚轮将钢筋端头部分压圆并一次性滚出螺纹，且套筒通过螺纹连接形成的钢筋机械接头。直螺纹钢筋连接工艺流程：确定滚丝机位置→钢筋调直，切割机下料→丝头加工→丝头质量检查（套丝帽保护）→用机械扳手进行套筒与丝头连接→接头连接后质量检查→钢筋直螺纹接头送检。

钢筋丝头加工步骤如下。

① 按钢筋规格所需调整试棒并调整好滚丝头内孔最小尺寸。

② 按钢筋规格更换涨刀环，并按规定的丝头加工尺寸调整好剥肋直径尺寸。

③ 调整剥肋挡块及滚压行程开关位置，保证剥肋及滚压螺纹的长度符合丝头加工尺寸的规定。

④ 钢筋丝头长度的确定。确定原则：以钢筋连接套筒长度的一半为钢筋丝扣长度，由于钢筋的开始端和结束端存在不完整丝扣，初步确定钢筋丝扣的有效长度。允许偏差为 $(0\sim2)P$（P 为螺距），施工中一般按 $(0\sim1)P$ 控制。

四、钢筋的冷拉

钢筋的冷加工有冷拉、冷拔、冷轧 3 种形式，这里仅介绍钢筋的冷拉。

（一）冷拉机械

常用的冷拉机械有卷扬机式、阻力轮式、丝杠式、液压式等钢筋冷拉机。

目前，卷扬机式钢筋冷拉技术是被广泛采用的一种冷拉方法。该设备具有很强的适应能力，能够根据需求调整冷拉率和冷拉控制应力；冷拉操作具有较大的行程，不会受到设备的限制，能够适应不同长度和直径的钢筋进行冷拉；该设备设计简洁，运行效率高，并且成本相对较低。卷扬机式钢筋冷拉机的主要组成部分包括卷扬机、滑轮组、地锚、导向滑轮、夹具以及测力装置等。在工作过程中，卷筒上的传动钢丝绳是正向和反向绕在两组动滑轮组上的，因此，当卷扬机开始旋转时，一组夹持钢筋的动滑轮组会被拉向卷扬机，导致钢筋被拉伸；另外一组动滑轮组被引导至导向滑轮，以便在接下来的冷拉过程中交替使用。钢筋受到的拉力是通过传力杆和可移动的横梁传递给测力设备的，进而可以确定拉力的强度。它的拉伸长度可以通过尺子直接测量，或者使用行程开关进行控制。

（二）冷拉钢筋作业

（1）钢筋冷拉前，应先检查钢筋冷拉设备的能力与冷拉钢筋所需的吨位值是否适应，不允许超载冷拉（特别是用旧设备拉粗钢筋时）。

（2）为确保冷拉钢筋的质量，冷拉前应对测力器和各项冷拉数据进行校核，并做好记录。

（3）冷拉钢筋时，操作人员应站在冷拉线的侧向，在统一指挥下进行作业。听到开车信号，看到操作人员离开危险区后，方能开车。

（4）在冷拉过程中，应随时注意限制信号，当看到停车信号或见到有人误入危险区时，应立即停车，并稍微放松钢丝绳。在作业过程中，严禁横向跨越钢丝绳或冷拉线。

（5）冷拉钢筋时，不论是拉紧或放松，均应缓慢和均匀地进行，绝不能时快时慢。

（6）冷拉钢筋时，如遇焊接接头被拉断，可重新焊接后再拉，但一般不得超过 2 次。

五、钢筋的绑扎与安装

基面终验、清理完毕，且施工缝处理完毕养护一定时间，混凝土强度达到 2.5 MPa 后，即可进行钢筋的绑扎与安装作业。钢筋的安设方法有两种：一种是将钢筋骨架在加工厂制好，再运到现场安装，叫整装法；另一种是将加工好的散钢筋运到现场，再逐根安装，叫散装法。

（一）钢筋的绑扎接头

1. 钢筋绑扎要求

（1）钢筋的交叉点应用铁丝扎牢。

（2）柱、梁的箍筋，除设计有特殊要求外，应与受力钢筋垂直；箍筋弯钩叠合处，应沿受力钢筋方向错开设置。

（3）柱中竖向钢筋搭接时，角部钢筋的弯钩平面与模板面的夹角，矩形柱应为45°，多边形柱应为模板内角的平分角。

（4）板、次梁与主梁交叉处，板的钢筋在上，次梁的钢筋居中，主梁的钢筋在下；当有圈梁或垫梁时，主梁的钢筋应放在圈梁上。主筋两端的搁置长度应保持均匀一致。

2. 钢筋绑扎接头

同一构件中相邻纵向受力钢筋的绑扎搭接接头宜相互错开。

（二）钢筋的现场绑扎

1. 准备工作

（1）熟悉施工图纸。通过熟悉图纸，一方面校核钢筋加工中是否有遗漏或误差；另一方面也可以检查图纸中是否存在与实际情况不符的地方，以便及时改正。

（2）核对钢筋加工配料单和料牌。在熟悉施工图纸的过程中，应核对钢筋加工配料单和料牌，并检查已加工成型的成品的规格、形状、数量、间距是否和图纸一致。

（3）确定安装顺序。钢筋绑扎与安装的主要工作内容：放样画线、排筋绑扎、垫撑铁和保护层垫块、检查校正及固定预埋件等。为保证工程顺利进行，在熟悉图纸的基础上，要考虑钢筋绑扎安装顺序。板类构件排筋顺序一般先排受力钢筋，后排分布钢筋；梁类构件一般先摆纵筋（摆放有焊接接头和绑扎接头的钢筋应符合规定），再排箍筋，最后固定。

（4）做好材料、机具的准备。钢筋绑扎与安装的主要材料、机具：钢筋钩、吊线锤、木水平尺、麻线、长钢尺、钢卷尺、扎丝、垫保护层用的砂浆垫块或塑料卡、撬杆、绑扎架等。对于结构较大或形状较复杂的构件，为了固定钢筋还需一些钢筋支架、钢筋支撑。扎丝一般采用18～22号铁丝或镀锌铁丝，扎丝长度一般用钢筋钩拧2～3圈后，铁丝出头长度为20 cm左右。

（5）放线。放线要从中心点开始向两边量距放点，定出纵向钢筋的位置。水平筋的放线可放在纵向钢筋或模板上。

2. 钢筋的绑扎

在钢筋绑扎的过程中，应确保其直线方向一致且位置恰当。钢筋绑扎有多种操作方式，包括一面顺扣法、十字花扣法、反十字扣法、兜扣法、缠扣法、兜扣加缠法和套扣法等，其中一面顺扣法是比较常见的一种。使用一面顺扣法的步骤如下：首先，把已经切断的扎丝在中部折叠成180°，接着把扎丝整理整齐。在绑扎过程中，左手持扎丝的位置应接近钢筋绑扎点的底部，右手持钢筋钩，食指压在钩的前部，用钩的尖端钩住扎丝底扣处，并紧靠扎丝的开口端，绕扎丝旋转两圈半，绑扎时扎丝扣伸出钢筋底部的长度要短，并用钩尖将铁丝扣紧。为了确保绑扎完成后的钢筋结构保持稳定，每一个绑扎点的进扎丝扣方向都需要进行90°的交替调整。

第二节　混凝土工程施工

一、施工准备

混凝土施工准备工作：施工缝处理、设置卸料入仓的辅助设备、模板安装、钢筋架设、预埋件埋设、施工人员的组织、浇筑设备及其辅助设施的布置、浇筑前的检查验收等。

（一）施工缝处理

如果因技术或施工组织上的原因，导致不能对混凝土结构一次连续浇筑完毕，而必须停歇较长的时间，其停歇时间已超过混凝土的初凝时间，致使混凝土已初凝，当继续浇筑混凝土时，形成了接缝，即施工缝。

1. 施工缝的留设位置

施工缝设置的原则，一般宜留在结构受力（剪力）较小且便于施工的部位：柱子的施工缝宜留在基础与柱子交接处的水平面上，或梁的下面，或吊车梁牛腿的下面、吊车梁的上面、无梁楼盖柱帽的下面；高度大于 1 m 的钢筋混凝土梁的水平施工缝，应留在楼板底面下 20～30 mm 处，当板下有梁托时，留在梁托下部；单向平板的施工缝，可留在平行于短边的任何位置处；对于有主次梁的楼板结构，宜顺着次梁方向浇筑，施工缝应留在次梁跨度的中间 1/3 范围内。

2. 施工缝的处理

施工缝处继续浇筑混凝土时，应待混凝土的抗压强度不小于 1.2 MPa 方可进行；施工缝浇筑混凝土之前，应除去施工缝表面的水泥薄膜、松动石子和软弱的混凝土层，处理方法有风砂枪喷毛、高压水冲毛、风镐凿毛或人工凿毛，并加以充分湿润和冲洗干净，不得有积水；浇筑时，施工缝处宜先铺水泥浆（水泥与水质量比为 1:0.4），或与混凝土成分相同的水泥砂浆一层，厚度为 30～50 mm，以保证接缝的质量；浇筑过程中，施工缝应细致捣实，使其紧密结合。

（二）仓面准备

浇筑仓面的准备工作：机具设备、劳动组合、照明、水电供应、所需混凝土原材料的准备等。仓面施工的脚手架、工作平台、安全网、安全标志等应检查是否牢固，电源开关、动力线路是否符合安全规定。

仓位的浇筑高程、上升速度、特殊部位的浇筑方法和质量要求等技术问题，须事先进行技术交底。地基或施工缝处理完毕并养护一定时间，已浇好的混凝土强度达到 2.5MPa 后方可在仓面进行放线，安装模板、钢筋和预埋件，架设脚手架等作业。

（三）模板、钢筋及预埋件检查

开仓浇筑前，必须按照设计图纸和施工规范的要求，对仓面安设的模板、钢筋及预埋件进行全面检查验收，签发合格证。

二、混凝土的拌制

混凝土拌制是按照混凝土配合比设计要求，将其组成材料（砂石、水泥、水、外加剂及掺合料等）拌和成均匀的混凝土料，以满足浇筑需要。混凝土制备的过程包括储料、供料、配料和拌和。其中配料和拌和是主要生产环节，也是质量控制的关键，要求品种无误、配料准确、拌和充分。

（一）混凝土配料

1. 配料

配料的过程是根据设计的标准来确定每次混合混凝土所需的材料数量。混凝土质量受到配料精度的直接影响。在混凝土的配料过程中，我们需要使用质量配料法。这意味着砂、石、水泥和矿物掺合料都需要按照质量来计量，而水和添加剂溶液则需要按照质量转化为体积来计量。在设计的配合比中，加水量是根据水灰比来确定的，并且以饱和面干状态的砂子作为参考标准。鉴于水灰比对混凝土的强度和持久性有着巨大的影响，我们绝对不能随意更改它；在施工过程中使用的砂子通常含有较高的水分，因此在配料阶段使用的加水量应当减去砂子表面的含水量和外加剂中的水量。

2. 给料

给料是将混凝土各组分从料仓按要求送进称料斗。给料设备的工作机构常与称量设备相连，当需要给料时，控制电路开通，进行给料。当计量达到要求时，即断电停止给料。常用的给料设备有皮带给料机、给料闸门、电磁振动给料机、叶轮给料机、螺旋给料机等。

3. 称量

混凝土配料称量的设备，有简易秤（地磅）、电动磅秤、自动配料杠杆秤、电子秤、配水箱及定量水表。

（二）混凝土拌和

混凝土拌和的方法有人工拌和与机械拌和两种。用拌和机拌和混凝土较广泛，能提高拌和质量和生产率。

1. 拌和机械

拌和机械有自落式搅拌机和强制式搅拌机两种。自落式搅拌机通过筒身旋转，带动搅拌叶片将物料提高，在重力作用下物料自由坠下，反复进行，互相穿插、翻拌、混合，使混凝土各组分搅拌均匀。强制式搅拌机一般筒身固定，搅拌机片旋转，对物料施加剪切、挤压、翻滚、滑动、混合，使混凝土各组分搅拌均匀。搅拌机使用前应按照"十字作业法"（清洁、润滑、调整、紧固、防腐）的要求检查离合器、制动器、钢丝绳等各个系统和部位，机件是否齐全，机构是否灵活，运转是否正常，并按规定位置加注润滑油脂。进行空转检查，检查搅拌机旋转方向是否与机身箭头一致，空车运转是否达到要求值。在确认以上情况正常后，向搅拌筒内加清水搅拌 3 min 后将水放出，方可投料搅拌。

2. 混凝土拌和

（1）开盘操作。在完成上述检查工作后，即可进行开盘搅拌。为不改变混凝土设计配合比，补偿黏附在筒壁、叶片上的砂浆，第一盘应减少石子 30%，或多加水泥、砂各 15%。

（2）正常运转。确定原材料投入搅拌筒内的先后顺序，应综合考虑能否保证混凝土的搅拌质量，提高混凝土的强度，减少机械的磨损与混凝土的黏罐现象，减少水泥飞扬，降低电耗以及提高生产率等。按原材料加入搅拌筒内的投料顺序的不同，普通混凝土的搅拌方法可分为一次投料法、二次投料法和水泥裹砂法等。一次投料法是目前普遍采用的方法。它是将砂、石、水泥和水一起同时加入搅拌筒中进行搅拌。为了减少水泥的飞扬和水泥的黏罐现象，向搅拌机上料斗中投料时，投料顺序宜先倒砂子（或石子），再倒水泥，然后倒入石子（或砂子），将水泥加在砂、石之间，最后由上料斗将干物料送入搅拌筒内，加水搅拌。二次投料法又分为预拌水泥砂浆法和预拌水泥净浆法。预拌水泥砂浆法是先将水泥、砂和水加入搅拌筒内进行充分搅拌，成为均匀的水泥砂浆后，再加入石子搅拌成均匀的混凝土。国内一般是用强制式搅拌机拌制水泥砂浆 $1\sim1.5$ min，然后再加入石子搅拌 $1\sim1.5$ min。国外针对这种工艺还设计了一种双层搅拌机（称为复式搅拌机），其上层搅拌机搅拌水泥砂浆，搅拌均匀后，再送入下层搅拌机与石子一起搅拌成混凝土。预拌水泥净浆法是先将水泥和水充分搅拌成均匀的水泥净浆后，再加入砂和石搅拌成混凝土。国外曾设计一种搅拌水泥净浆的高速搅拌机，其不仅能将水泥净浆搅拌均匀，而且对水泥还有活化作用。国内外的试验表明，二次投料法搅拌的混凝土与一次投料法相比较，混凝土强度可提高 15%，在强度相同的情况下，可节约水泥 15%～20%。水泥裹砂法又称 SEC 法，采用这种方法拌制的混凝土称为 SEC 混凝土或造壳混凝土。该法的搅拌程序是先加一定量的水使砂表面的含水量调到某一规定的数值后（一般为 15%～25%），再加入石子并与湿砂拌匀，然后将全部水泥投入与砂石共同拌和，使水泥在砂石表面形成一层低水灰比的水泥浆壳，最后将剩余的水和外加剂加入搅拌成混凝土。采用 SEC 法制备的混凝土与一次投料法相比较，强度可提高 20%～30%，混凝土不易产生离析和泌水现象，工作性好。

从原材料全部投入搅拌筒时起到开始卸料时止所经历的时间称为搅拌时间，为获得混合均匀、强度和工作性都能满足要求的混凝土所需的最低限度的搅拌时间称为最短搅拌时间。这个时间随搅拌机的类型与容量，骨料的品种、粒径及对混凝土的工作性要求等因素的不同而异。

混凝土拌合物的搅拌质量应经常检查，若混凝土拌合物颜色均匀一致，无明显的砂粒、砂团及水泥团，石子完全被砂浆包裹，说明其搅拌质量较好。

每班作业后应对搅拌机进行全面清洗，并在搅拌筒内放入清水及石子运转 10～15 min 后放出，再用竹扫帚洗刷外壁。搅拌筒内不得有积水，以免筒壁及叶片生锈，如遇冰冻季节应放完水箱及水泵中的存水，以防冻裂。每天工作完毕后，搅拌机料斗应放至最低位置，不准悬于半空。电源必须切断，锁好电闸箱，保证各机构处于空位。

（三）混凝土搅拌站

在混凝土施工工地，通常把骨料堆场、水泥仓库、配料装置、拌和机及运输设备等比较集中地布置，组成混凝土拌和站，或采用成套的混凝土工厂（拌和楼）来制备混凝土。

搅拌站根据其组成部分在竖向布置方式的不同，分为单阶式和双阶式。在单阶式混凝土搅拌站中，原材料一次提升后经过集料斗，然后靠自重下落进入称量和搅拌工序。采用这种工艺流程，原材料从一道工序到下一道工序的时间短、效率高、自动化程度高、搅拌站占地面积小，适用于产量大的固定式大型混凝土搅拌站。

在双阶式混凝土搅拌站中，原材料经第一次提升后经过集料斗，下落经称量配料后，再经过第二次提升进入搅拌机。这种工艺流程的搅拌站的建筑物高度小、运输设备简单、投资少、建设快，但效率和自动化程度相对较低，建筑工地上设置的临时性混凝土搅拌站多属此类。

三、混凝土运输

（一）混凝土运输的基本要求

为保证混凝土的质量，混凝土自搅拌机中卸出后，应及时运至浇筑地点。对混凝土运输方案的选择，应根据建筑结构特点、混凝土工程量、运输距离、地形、道路和气候条件，以及现有设备情况等进行考虑。无论采用何种运输方案，均应满足以下要求。

（1）保证混凝土的浇筑量，尤其是在滑模施工和不允许留施工缝的情况下，混凝土运输必须保证其浇筑工作能够连续进行。

（2）混凝土在运输中，应保持其均匀性，保证不分层、不离析、不泌浆；运至浇筑地点时，应具有规定的坍落度。当有离析现象时，应进行二次搅拌方可入模。

（3）混凝土运输工具要求不吸水、不漏浆、内壁平整光洁，且在运输中的全部时间不应超过混凝土的初凝时间。若进行长距离运输，可选用混凝土搅拌运输车。

（4）尽可能使运输线路短直、道路平坦、车辆行驶平稳，防止混凝土分层、离析。同时还应考虑布置环形回路，以免车辆阻塞。

（5）采用泵送混凝土应保证混凝土泵连续工作，输送管线宜直，转弯宜缓，接头应严密，泵送前应先用适量的与混凝土成分相同的水泥浆或水泥砂浆润滑输送管内壁。当间歇延续时间超过 45 min 或混凝土出现离析现象时，应立即用压力水或其他方法冲洗管内残留的混凝土。

1. 运输工具的选择

混凝土运输分地面水平运输、垂直运输和楼面水平运输 3 种。

（1）地面水平运输时，短距离多用双轮手推车、机动翻斗车；长距离宜用自卸汽车、混凝土搅拌运输车。

（2）垂直运输时，采用各种井架、龙门架和塔式起重机作为垂直运输工具。对于浇筑量大、浇筑速度比较稳定的大型设备基础和高层建筑，宜采用混凝土泵，也可采用自升式塔式起重机或爬式塔式起重机运输。

（3）楼面水平运输，多用双轮手推车和混凝土泵管。

2. 混凝土水平运输工具

（1）手推车

手推车是施工工地上普遍使用的水平运输工具，其种类有独轮、双轮和三轮手推车等多种。手推车具有小巧、轻便等特点，不但适用于一般的地面水平运输，还能在脚手架、施工栈道上使用；手推车也可与塔式起重机、井架等配合使用，满足垂直运输混凝土、砂浆等材料的需要。

（2）机动翻斗车

机动翻斗车是混凝土工程中使用较多的水平运输机械。它轻便灵活、转弯半径小、速度快且能自动卸料。车前装有容量为 476 L 的翻斗，载重量约

1 t，最高速度可达 20 km/h，适用于短途运输混凝土或砂石料。

（3）混凝土搅拌运输车

混凝土搅拌运输车是运送混凝土的专用设备。在运量大、运距远的情况下，能保证混凝土的质量均匀，一般用于混凝土制备点（商品混凝土站）与浇筑点距离较远时。它的运送方式有两种：一是在 10 km 范围内作短距离运送时，只用作运输工具，即将拌和好的混凝土运送至浇筑点，在运输途中为防止混凝土分离，让搅拌筒只作低速搅动，使混凝土拌合物不致分离、凝结；二是在运距较长时，搅拌运输两者兼用，即先在混凝土拌和站将干料（砂、石、水泥）按配合比装入搅拌筒内，并将水注入配水箱，开始只进行干料运送，然后在到达距使用点 10～15 min 路程时，启动搅拌筒回转，并向搅拌筒注入定量的水，这样在运输途中边运输边搅拌成混凝土拌合物，送至浇筑点卸出。

3. 混凝土垂直运输工具

混凝土垂直运输工具有塔式起重机、混凝土快速提升机、井架升降机、混凝土输送泵等。

（1）塔式起重机

塔式起重机主要用于大型建筑和高层建筑的垂直运输。塔式起重机可通过料罐（又称料斗）将混凝土直接送到浇筑地点。料罐上部开口，下部有门；装料时平卧地上由搅拌机或汽车将混凝土自上口装入，吊起后料罐直立，在浇筑地点通过下口浇入模板内。目前，塔式起重机通常有行走式、附着式和内爬式三种。对于高层建筑，由于其高度很大，普通塔式起重机已不能满足要求，需要采用附着式或内爬式塔式起重机。

（2）混凝土快速提升机

混凝土快速提升机是供快速输送大量混凝土的垂直提升设备。它是由钢井架、混凝土提升斗、高速卷扬机等组成，其提升速度可达 50～100 m/min。混凝土提升到施工楼层后，卸入楼面受料斗，再采用其他楼面水平运输工具（如手推车等）运送到施工部位浇筑。一般每台容量为 0.5 m³×2 的双斗提升机，当其提升速度为 75 m/min 时，最高高度可达 120 m，混凝土输送能力可达 20 m³/h。因此，对于混凝土浇筑量较大的工程，特别是高层建筑，在缺乏其他高效能机具的情况下，混凝土快速提升机是较为经济适用的混凝土垂直运输机具。

（3）井式升降机

井式升降机一般由井架、台灵拔杆、卷扬机、吊盘、自动倾卸吊斗及钢丝缆风绳等组成，具有一机多用、构造简单、装拆方便等优点。使用井式升降机时一般有以下两种方式。

①用小车将混凝土推到井式升降机的升降平台，提升到楼层后再运到浇筑地点。

②将搅拌机直接安装在井式升降机旁，混凝土卸入升降机的料斗内，提升到楼层后再卸入小车内运到浇筑地点。用小车运送混凝土时，楼层上要加设行车跳板，以免压坏已扎好的钢筋。

（4）混凝土输送泵

混凝土输送泵是将混凝土拌合物从搅拌机出口通过管道连续不断地泵送到浇筑仓面的一种混凝土输送机械。它以泵为动力，沿管道输送混凝土，可一次完成水平及垂直运输，将混凝土直接输送到浇筑点，是发展较快的一种混凝土的运输方法。泵送混凝土具有输送能力大、速度快、效率高、节省人力、能连续输送等特点。适用于大型设备基础、坝体、现浇高层建筑、水下与隧道等工程的垂直与水平运输。

（5）混凝土泵车

混凝土泵车均装有 3～5 节折叠式全回转布料臂、液压操作。最大理论输送能力为 150 m³/h，最大布料高度为 51 m，布料半径为 46 m，布料深度为 35.8 m。

混凝土泵车可在布料杆的回转范围内直接进行浇筑。

（6）混凝土布料杆

可根据现场混凝土浇筑的需要将布料杆设置在合适位置，布料杆有固定式、内爬式、移动式、船用式等。HGT41 型内爬式布料机的布料半径为 41 m，塔身高度为 24 m，爬升速度为 0.5 m/min，臂架为四节卷折全液压形式，回转角度为 360°，末端软管长度为 3 m。

（二）混凝土运输的注意事项

（1）尽可能使运输线路短直、道路平坦、车辆行驶平稳，减少运输时的振荡；避免运输的时间和距离过长、转运次数过多。

（2）混凝土容器应平整光洁、不吸水、不漏浆，装料前用水湿润，炎热气候或风雨天气宜加盖，防止水分蒸发或进水，冬季考虑保温措施。

（3）运至浇筑地点的混凝土发现有离析和初凝现象须二次搅拌均匀后方可入模，已凝结的混凝土应报废，不得用于工程中。

（4）溜槽运输的坡度不宜大于 30°，混凝土的移动速度不宜大于 1 m/s。如溜槽的坡度太小、混凝土移动太慢，可在溜槽底部加装小型振动器；当溜槽坡度太大或用皮带运输机运输，混凝土移动速度太快时，可在末端设置串筒或挡板，以保证垂直下落和落差高度。

选择混凝土运输方案时，技术上可行的方案可能不止一个，要进行综合的经济比较以选择最优方案。

四、混凝土浇筑

混凝土成型就是将混凝土拌合料浇筑在符合设计尺寸要求的模板内，加以捣实，使其具有良好的密实性，达到设计强度的要求。混凝土成型过程包括浇筑与捣实，是混凝土工程施工的关键，将直接影响构件的质量和结构的整体性。因此，混凝土经浇筑捣实后应内实外光、尺寸准确、表面平整、钢筋及预埋件位置符合设计要求、新旧混凝土结合良好。

（一）浇筑前的准备工作

（1）对模板及其支架进行检查，应确保标高、位置、尺寸正确，强度、刚度、稳定性及严密性满足要求；模板中的垃圾、泥土和钢筋上的油污应加以清除；木模板应浇水润湿，但不允许留有积水。

（2）对钢筋及预埋件应请工程监理人员共同检查钢筋的级别、直径、排放位置及保护层厚度是否符合设计和规范要求，并认真做好隐蔽工程记录。

（3）准备和检查材料、机具等；注意天气预报，不宜在雨雪天气浇筑混凝土。

（4）做好施工组织工作和技术、安全交底工作。

（二）浇筑工作的一般要求

（1）混凝土应在初凝前浇筑，如混凝土在浇筑前有离析现象，须重新拌和后才能浇筑。

（2）浇筑时，混凝土的自由倾落高度：对于素混凝土或少筋混凝土，由料斗进行浇筑时，应不超过 2 m；对竖向结构（如柱、墙）浇筑混凝土时，高度不超过 3 m；对于配筋较密或不便捣实的结构，不宜超过 60 cm。否则应采用串筒、溜槽和振动串筒下料，以防产生离析。

（3）浇筑竖向结构混凝土前，底部应先浇入 50～100 mm 厚与混凝土成分相同的水泥砂浆，以避免产生蜂窝麻面现象。

（4）混凝土浇筑时的坍落度应符合设计要求。

（5）为了使混凝土振捣密实，混凝土必须分层浇筑。

（6）为保证混凝土的整体性，浇筑工作应连续进行。当由于技术或施工组织上的原因必须间歇时，其间歇时间应尽可能缩短，并应在前层混凝土凝结之前，将次层混凝土浇筑完毕。间歇的最长时间应按所用水泥品种及混凝土条件确定。

（7）正确留置施工缝。施工缝位置应在混凝土浇筑之前确定，并宜留置在结构受剪力较小且便于施工的部位。柱应留水平缝，梁、板、墙应留垂直缝。

（8）在混凝土浇筑过程中，应随时注意模板及其支架、钢筋、预埋件及预留孔洞的情况，当出现不正常的变形、位移时，应及时采取措施进行处理，以保证混凝土的施工质量。

（9）在混凝土浇筑过程中应及时认真填写施工记录。

（三）整体结构浇筑

为保证结构的整体性和混凝土浇筑工作的连续性，应在下一层混凝土初凝之前将上层混凝土浇筑完毕。因此，在编制浇筑施工方案时，应计算每小时需要浇筑的混凝土的数量以及所需搅拌机、运输工具和振捣器的数量，并据此拟定浇筑方案和组织施工。

（四）混凝土浇筑工艺

1. 铺料

开始浇筑前，要在旧混凝土面上先铺一层 2～3 cm 厚的水泥砂浆（接缝砂浆），以保证新混凝土与基岩或旧混凝土结合良好。砂浆的水灰比应较混凝土水灰比减少 0.03～0.05，混凝土的浇筑应按一定厚度、次序、方向分层推进。

铺料厚度应根据拌和能力、运输距离、浇筑速度、气温及振捣器的性能等因素确定。如采用低流态混凝土及大型强力振捣设备，其浇筑层厚度应根据试验确定。

2. 平仓

平仓是把卸入仓内成堆的混凝土摊平到要求的均匀厚度。平仓操作不当会造成离析，使骨料架空，严重影响混凝土质量。

（1）人工平仓

人工平仓用铁锹，平仓距离不超过 3 m。只适用于在靠近模板和钢筋较密的地方，以及设备预埋件等空间狭小的二期混凝土。

（2）振捣器平仓

振捣器平仓时应将振捣器倾斜插入混凝土料堆下部，使混凝土向操作者位置移动，然后一次一次地插向料堆上部，直至混凝土摊平到规定的厚度为止。如将振捣器垂直插入料堆顶部，平仓工效固然较高，但易造成粗骨料沿锥体四周下滑，砂浆则集中在中间形成砂浆窝，影响混凝土匀质性。经过振动摊平的混凝土表面可能已经泛出砂浆，但内部并未完全捣实，切不可将平仓和振捣合二为一，影响浇筑质量。

3. 振捣

振捣是振动捣实的简称，它是保证混凝土浇筑质量的关键工序。振捣的目的是尽可能减少混凝土中的空隙，以消除混凝土内部的孔洞，并使混凝土与模板、钢筋及预埋件紧密结合，从而保证混凝土的最大密实度，提高混凝土质量。

（1）人工振捣

当结构钢筋较密，振捣器难于施工，或混凝土内有预埋件、观测设备，周围混凝土振捣力不宜过大时，可采用人工振捣。人工振捣要求混凝土拌合物坍落度大于 5 cm，铺料层厚度小于 20 cm。人工振捣工具有捣固锤、捣固杆和捣固铲。捣固锤主要用来捣固混凝土的表面；捣固铲用于插边，使砂浆与模板靠紧，防止表面出现麻面；捣固杆用于钢筋稠密的混凝土中，以使钢筋被水泥砂浆包裹，增加混凝土与钢筋之间的握裹力。人工振捣工效低，混凝土质量不易保证。

（2）机械振捣

混凝土振捣主要采用振捣器进行，振捣器产生小振幅、高频率的振动，使混凝土在其振动作用下，内摩擦力和黏结力大大降低，使干稠的混凝土获得流动性，在重力作用下骨料互相滑动而紧密排列，空隙由砂浆填满，空气被排出，从而使混凝土密实，并填满模板内部空间，且与钢筋紧密结合。一般工程均采用电动式振捣器。电动插入式振捣器又分为串激式振捣器、软轴振捣器和硬轴振捣器 3 种。混凝土振捣应在平仓之后立即进行，此时混凝土流动性好，容易振捣，捣实质量好。

① 振捣棒。

振捣器的选用，对于素混凝土或钢筋稀疏的部位，宜用大直径的振捣棒；坍落度小的干硬性混凝土，宜选用高频和振幅较大的振捣器。振捣作业路线保持一致，并按顺序依次进行，以防漏振。振捣棒尽可能垂直地插入混凝土中，如振捣棒较长或把手位置较高，垂直插入感到操作不便，也可略带倾斜，但与水平面夹角不宜小于 45°，且每次倾斜方向应保持一致，否则下部混凝土将会发生漏振。

振捣棒应快插、慢拔。插入过慢，上部混凝土先捣实，就会阻止下部混凝土中的空气和多余的水分向上逸出；拔得过快，周围混凝土来不及填铺振捣棒留下的孔洞，将在每一层混凝土的上半部留下只有砂浆而无骨料的砂浆柱，影响混凝土的强度。为使上下层混凝土振捣密实均匀，可将振捣棒上下抽动，抽动幅度为 5～10 cm。振捣棒的插入深度，在振捣第一层混凝土时，以振捣器头部不碰到基岩或旧混凝土面，但相距不超过 5 cm 为宜；振捣上层混凝土时，则应插入下层混凝土 5 cm 左右，使上下两层结合良好。在斜坡上浇筑混凝土时，振捣棒仍应垂直插入，并且应先振低处再振高处，否则在振捣低处的混凝土时，已捣实的高处混凝土会自行向下流动，致使密实性受到破坏。软轴振捣棒插入深度为棒长的 3/4，过深则软轴和振捣棒结合处容易损坏。

振捣棒在每一孔位的振捣时间，以混凝土不再显著下沉、水分和气泡不再逸出并开始泛浆为准。振捣时间和混凝土坍落度、石子类型及最大粒径、振捣器的性能等因素有关，一般为 20～30 s。振捣时间过长，不但降低工效，且使砂浆上浮过多，石子集中下部，混凝土产生离析，严重时，整个浇筑层呈"千层饼"状态。

振捣器的插入间距控制在振捣器有效作用半径的 1.5 倍以内，实际操作时也可根据振捣后在混凝土表面留下的圆形泛浆区域能否在正方形排列（直线行列移动）的 4 个振捣孔径的中点，或三角形排列（交错行列移动）的 3 个振捣孔位的中点相互衔接来判断。在模板边、预埋件周围、布置有钢筋的部位以及两罐（或两车）混凝土卸料的交界处，宜适当减少插入间距以加强振捣，但不宜小于振捣棒有效作用半径的 1/2，并注意不能触及钢筋、模板及预埋件。为提高工效，振捣棒插入孔位尽可能呈三角形分布。使用外部式振捣器时，操作人员应穿绝缘胶鞋，戴绝缘手套，以防触电。

② 平板式振捣器。

平板式振捣器要保持拉绳干燥和绝缘，移动和转向时应蹬踏平板两端，不得蹬踏电机。操作时可通过倒顺开关控制电机的旋转方向，使振捣器的电机旋转方向正转或反转，从而使振捣器自动地向前或向后移动。沿铺料路线逐行进行振捣，两行之间要搭接 5 cm 左右，以防漏振。振捣时间仍以混凝土拌合物停止下沉、表面平整、往上返浆且已达到均匀状态并充满模壳为准，时间一般为 30 s 左右。在转移作业面时，要注意电缆线勿被模板、钢筋露头等挂住，防止拉断或造成触电事故。振捣混凝土时，一般横向和竖向各振捣一遍即可，第一遍主要是密实，第二遍是使表面平整，其中第二遍是在已振捣密实的混凝土面上快速拖行。

③ 附着式振捣器。

附着式振捣器安装时应保证转轴水平或垂直。在一个模板上安装多台附着式振捣器同时进行作业时，各振捣器频率必须保持一致，相对安装的振捣器的位置应错开。振捣器所装置的构件模板要坚固牢靠，构件的面积应与振捣器的额定振动板面积相适应。

④ 混凝土振动台。

混凝土振动台是一种强力振动成型机械装置，必须安装在牢固的基础上，地脚螺栓应有足够的强度并拧紧。在振捣作业中，必须安置牢固可靠的模板锁紧夹具，以保证模板和混凝土与台面一起振动。

五、混凝土的养护

混凝土浇筑完毕后，在一个相当长的时间内，应保持其适当的温度和足够的湿度，以提供良好的硬化条件，这就是混凝土的养护工作。混凝土表面水分不断蒸发，如不设法防止水分损失，水化作用未能充分进行，混凝土的强度将受到影响，还可能产生干缩裂缝。因此混凝土养护的目的有两个：一是创造有利条件，使水泥充分水化，加速混凝土的硬化；二是防止混凝土成型后因暴晒、风吹、干燥等自然因素影响，出现不正常的收缩、裂缝等现象。

混凝土的养护方法分为自然养护和热养护两类，养护时间取决于当地气温、水泥品种和结构物的重要性。混凝土必须养护至其强度达到 1.2 MPa 以上，才准在其上行人和架设支架、安装模板，但不得冲击混凝土。

第三节　大体积混凝土施工

我国工程界一般认为当混凝土结构断面最小尺寸大于 2 m 时，就称为大体积混凝土。随着高层、超高层建筑的大量建造，各种大体积混凝土的结构形式，特别是大体积混凝土基础，得到越来越多的应用。但大体积混凝土在施工阶段会因水泥水化热释放引起内外温差过大而产生裂缝。因此，控制混凝土浇筑块体因水化热引起的温度升高、混凝土浇筑块体的内外温差及降温速度，是防止混凝土出现有害温度裂缝的关键问题。这需要在大体积混凝土结构的设计、混凝土材料的选择、配合比设计、拌制、运输、浇筑、保温养护及施工过程中混凝土内部温度和温度应力的监测等环节，采取一系列的技术措施，预防大体积混凝土温度裂缝的产生。

我们将大体积混凝土温度裂缝控制措施分为设计措施、施工措施和监测措施三个方面。

一、设计措施

（1）大体积混凝土的强度等级宜选用 C20～C35，利用 60 d 甚至 90 d 的后期强度。

（2）应优先采用水化热低的矿渣水泥配制大体积混凝土。配制混凝土所用水泥 7 d 的水化热不大于 250 kJ/kg。

（3）粗骨料宜采用连续级配，采用 5～40 mm 颗粒级配的石子。

（4）细骨料宜采用中砂，控制含泥量小于 1.5%。

（5）使用掺合料（粉煤灰）及外加剂（减水剂、缓凝剂和膨胀剂）。

（6）大体积混凝土基础除应满足承载力和构造要求外，还应增配承受因水泥水化热引起的温度应力、控制裂缝开展的钢筋，以构造钢筋来控制裂缝，配筋尽可能采用小直径、小间距。

（7）当基础设置于岩石地基上时，宜在混凝土垫层上设置滑动层，滑动层构造可采用一毡二油，在夏季施工时也可采用一毡一油；也可涂抹两道海藻酸钠隔离剂，以减小地基水平阻力系数，一般可减小至 1～3 kPa。当为软土地基时，可以优先考虑采用砂垫层处理，因为砂垫层可以减小地基对混凝土基础的约束作用。

（8）大体积混凝土工程施工前，应对施工阶段大体积混凝土浇筑块体的温度、温度应力及收缩力进行验算，确定施工阶段大体积混凝土浇筑块体的升温峰值，内外温差不超过 25 ℃，制定温控施工的技术措施。

二、施工措施

（1）混凝土的浇筑方法可用分层连续浇筑或推移式连续浇筑。大体积混凝土结构多为厚大的桩基承台或基础底板等，整体性要求较高，往往不允许留施工缝，要求一次连续浇筑完毕。

根据结构特点不同，可分为全面分层、分段分层、斜面分层等浇筑方案。

① 全面分层：当结构平面面积不大时，可将整个结构分为若干层进行浇筑，即第一层全部浇筑完毕后，再浇筑第二层，如此逐层连续浇筑，直到结束。为保证结构的整体性，要求次层混凝土在前层混凝土初凝前浇筑完毕。

② 分段分层：当结构平面面积较大时，全面分层已不适应，这时可采用分段分层浇筑方案。即将结构划分为若干段，每段又分为若干层，先浇

筑第一段各层，然后浇筑第二段各层，如此逐层连续浇筑，直至结束。为保证结构的整体性，要求次段混凝土应在前段混凝土初凝前浇筑并与之捣实成整体。

③ 斜面分层：当结构的长度超过厚度的 3 倍时，可采用斜面分层的浇筑方案。此时，振捣工作应从浇筑层斜面下端开始，逐渐上移，且振捣器应与斜面垂直。

混凝土的摊铺厚度应根据振捣器的作用深度及混凝土的和易性确定，当采用泵送混凝土时，混凝土的摊铺厚度不大于 600 mm；当采用非泵送混凝土时，混凝土的摊铺厚度不大于 400 mm。分层连续浇筑或推移式连续浇筑，其层间的间隔时间应尽量缩短，必须在前层混凝土初凝之前，将其次层混凝土浇筑完毕。层间最长的时间间隔不大于混凝土的初凝时间。若层间间隔时间超过混凝土的初凝时间，层面应按施工缝处理。

（2）混凝土的拌制、运输必须满足连续浇筑施工以及尽量降低混凝土出罐温度等方面的要求，并应符合下列规定。

① 炎热季节浇筑大体积混凝土时，混凝土搅拌场站宜对砂、石骨料采取遮阳、降温措施。

② 当采用泵送混凝土施工时，混凝土的运输宜采用混凝土搅拌运输车，混凝土搅拌运输车的数量应满足混凝土连续浇筑的要求。

③ 必要时采取预冷骨料（水冷法、气冷法等）和加冰搅拌等措施。

④ 浇筑时间最好安排在低温季节或夜间，若在高温季节施工，则应采取减小混凝土温度回升的措施，譬如尽量缩短混凝土的运输时间、加快混凝土的入仓覆盖速度、缩短混凝土的暴晒时间、混凝土运输工具采取隔热遮阳措施等。对于泵送混凝土的输送管道，应全程覆盖并洒冷水，以减少混凝土在泵送过程中吸收太阳的辐射热，最大限度地降低混凝土的入模温度。

（3）在混凝土浇筑过程中，应及时清除混凝土表面的泌水。泵送混凝土的水灰比一般较大，泌水现象也较严重，不及时消除，将会降低结构混凝土的质量。

（4）混凝土浇筑完毕后，应及时按温控技术措施的要求进行保温养护，并应符合下列规定。

①保温养护措施，应使混凝土浇筑块体的里外温差及降温速度满足温控指标的要求。

②保温养护的持续时间，应根据温度应力（包括混凝土收缩产生的应力）加以控制、确定，但不得少于 15 d，保温覆盖层的拆除应分层逐步进行。

③在保温养护过程中，应保持混凝土表面的湿润。保温养护是大体积混凝土施工的关键环节，其目的主要是降低大体积混凝土浇筑块体的内外温差值，以降低混凝土块体的自约束应力；其次是降低大体积混凝土浇筑块体的降温速度，充分利用混凝土的抗拉强度，以提高混凝土块体承受外约束应力的抗裂能力，达到防止或控制温度裂缝的目的。同时，在养护过程中保持良好的湿度和防风条件，使混凝土在良好的环境下养护。施工人员应根据事先确定的温控指标要求来确定大体积混凝土浇筑后的养护措施。

（5）塑料膜、塑料泡沫板、喷水泥珍珠岩、挂双层草垫等可作为保温材料覆盖混凝土和模板，覆盖层的厚度应根据温控指标的要求计算，并可在混凝土终凝后，在板面做土围堰灌水 5～10 cm 深进行保温和养护。水的热容量大，比热容为 4.186 8 kJ/（kg·℃），覆水层相当于在混凝土表面设置了恒温装置。在寒冷季节可搭设挡风保温棚，并在草袋上设置碘钨灯。

（6）土是良好的养护介质，所以应及时回填土。

（7）在大体积混凝土拆模后，应采取预防寒潮袭击、突然降温和剧烈干燥等措施。

（8）采用二次振捣技术，改善混凝土强度，提高抗裂性。当混凝土浇筑后即将凝固时，在适当时间内再振捣，可以增加混凝土的密实度，减少内部微裂缝。

但必须掌握好二次振捣的时间间隔（以 2 h 为宜），否则会破坏混凝土内部结构，起到相反效果。

（9）利用预埋的冷却水管通低温水以散热降温。混凝土浇筑后立即通水，以降低混凝土的最高温升。

三、监测措施

（1）大体积混凝土的温控施工中，除应进行水泥水化热的测定外，在混凝土浇筑过程中还应进行混凝土浇筑温度的监测，在养护过程中应进行混凝土浇筑块体升降温、内外温差、降温速度及环境温度等监测。这些监测结果能及时反馈现场大体积混凝土浇筑块内温度变化的实际情况，以及所采用的施工技术措施的效果，为工程技术人员及时采取温控对策提供科学依据。

（2）混凝土的浇筑温度系指混凝土振捣后位于混凝土上表面以下 50～100 mm 深处的温度。混凝土浇筑温度的测试每工作班（8 h）应不少于 2 次。大体积混凝土浇筑块体内外温差、降温速度及环境温度的测试一般在前期每2～4 h 测一次，后期每 4～8 h 测一次。

（3）大体积混凝土浇筑块体温度监测点的布置，以能真实反映出混凝土块体的内外温差、降温速度及环境温度为原则。

第四节　框剪结构混凝土施工

一、浇筑要求

浇筑钢筋混凝土框剪结构首先要划分施工层和施工段。施工层一般按结构层划分，而每一施工层如何划分施工段，则要考虑工序数量、技术要求、结构特点等。要做到木工在第一施工层安装完模板，准备转移到第二施工层的第一施工段上时，该施工段所浇筑的混凝土强度应达到允许工人在其上操作的强度（1.2 MPa）。

混凝土浇筑前应做好必要的准备工作，如模板、钢筋和预埋管线的检查和清理以及隐蔽工程的验收；浇筑用脚手架、走道的搭设和安全检查；根据实验室下达的混凝土配合比通知单准备和检查材料等；做好施工用具的准备等。为保证捣实质量，混凝土应分层浇筑。

浇筑叠合式受弯构件时，应按设计要求确定是否设置支撑，且叠合面应根据设计要求预留凹凸槎（当无要求时，凹凸槎为 6 mm），形成粗糙面。

二、浇筑方法

（一）混凝土柱的浇筑

1. 混凝土的灌注

（1）混凝土柱灌注前，柱底基面应先铺 5～10 cm 厚与混凝土内砂浆成分相同的水泥砂浆，再分段分层灌注混凝土。

（2）凡截面面积在 400×400 mm 以内或有交叉箍筋的混凝土柱，应在柱模侧面开口装上斜溜槽来灌注，每段高度不得大于 2 m。如箍筋妨碍溜槽安装，可将箍筋一端解开提起，待混凝土浇至窗口的下口时，卸掉斜溜槽，将箍筋重新绑扎好，用模板封口，柱箍箍紧，继续浇上段混凝土。采用斜溜槽下料时，可将其轻轻晃动，加快下料速度。采用溜筒下料时，柱混凝土的灌注高度可不受限制。

（3）当柱高不超过 3.5 m、截面面积大于 400×400 mm 且无交叉钢筋时，混凝土可由柱模顶直接倒入；当柱高超过 3.5 m 时，必须分段灌注混凝土，每段高度不得超过 3.5 m。

（4）柱子浇筑后，应间隔 1～1.5 h，待所浇混凝土拌合物初步沉实后，再浇筑上面的梁板结构。

2. 混凝土的振捣

（1）混凝土的振捣一般需要 4 人协同操作，其中，2 人负责下料，1 人负责振捣，另外 1 人负责开关振捣器。

（2）混凝土的振捣尽量使用插入式振捣器。当振捣器的软轴比柱长 0.5～1.0 m 时，待下料至分层厚度后，将振捣器从柱顶伸入混凝土内进行振捣。当用振捣器振捣比较高的柱子时，则应从柱模侧预留的洞口插入，待振捣器找到振捣位置时，再合闸振捣。

（3）振捣时以混凝土不再塌陷，混凝土表面泛浆，柱模外侧模板拼缝均匀微露砂浆为好。也可用木槌轻击柱侧模判定，如声音沉实，则表示混凝土已振实。

（二）混凝土墙的浇筑

1. 混凝土的灌注

（1）浇筑顺序应先边角后中部，先外墙后隔墙，以保证外部墙体的垂直度。

（2）高度在 3 m 以内的外墙和隔墙，混凝土可以从墙顶向模板内卸料，卸料时须在墙顶安装料斗缓冲，以防混凝土发生离析；高度大于 3 m 的任何截面墙体，均应每隔 2 m 开洞口，装斜溜槽进料。

（3）墙体上有门窗洞口时，应从两侧同时对称进料，以防将门窗洞口模板挤偏。

（4）墙体混凝土浇筑前，应先铺 5～10 cm 厚与混凝土内成分相同的水泥砂浆。

2. 混凝土的振捣

（1）对于截面尺寸较大的墙体，可用插入式振捣器振捣，其方法同柱的振捣。对较窄或钢筋密集的混凝土墙，宜采用在模板外侧悬挂附着式振捣器振捣，其振捣深度约为 25 cm。

（2）遇有门窗洞口时应在两边同时对称振捣，不得用振捣棒棒头敲击预留孔洞模板、预埋件等。

（3）当顶板与墙体整体现浇时，楼顶板端头部分的混凝土应单独浇筑，以保证墙体的整体性。

（三）梁、板混凝土的浇筑

1. 混凝土的灌注

（1）肋形楼板混凝土的浇筑应顺次梁方向，主次梁同时浇筑。在保证主梁浇筑的前提下，将施工缝留在次梁跨中 1/3 的范围内。

（2）梁、板混凝土宜同时浇筑，顺次梁方向从一端开始向前推进。当梁高大于 1 m 时，可先浇筑主次梁，后浇筑板，其水平施工缝应布置在板底以下 2～3 cm 处。凡截面高大于 0.4 m、小于 1 m 的梁，应先分层浇筑梁混凝土，待混凝土浇平楼板底面后，梁、板混凝土同时浇筑。操作时先将梁的混凝土分层浇筑成阶梯形，并向前赶。当起始点的混凝土到达板底位置时，与板的混凝土一起浇筑。随着阶梯的不断延长，板的浇筑也不断向前推移。

（3）采用小车或料罐运料时，宜将混凝土料先卸在拌盘上，再用铁锹往梁里浇筑混凝土。在梁的同一位置上，模板两边下料应均衡。浇筑楼板时，可将混凝土料直接卸在楼板上，但应注意不可集中卸在楼板边角或上层钢筋处。楼板混凝土的虚铺高度可高于楼板设计厚度 2～3 cm。

2. 混凝土的振捣

（1）混凝土梁应采用插入式振捣器振捣，从梁的一端开始，先在起头的一小段内浇一层与混凝土成分相同的水泥砂浆，再分层浇筑混凝土。浇筑时 2 人配合，1 人在前面用插入式振捣器振捣混凝土，使砂浆先流到前面和底部，让砂浆包裹石子；另 1 人在后面用捣钎靠着侧板及底部往回钩石子，以免石子阻碍砂浆往前流。待浇筑至一定距离后，再回头浇第二层，直至浇捣至梁的另一端。

（2）浇筑梁柱或主次梁接合部位时，由于梁上部的钢筋较密集，普通振捣器无法直接插入振捣，此时可用振捣棒从钢筋空当处插入振捣，或将振动棒从弯起钢筋斜段间隙中斜向插入振捣。

（3）楼板混凝土的捣固宜采用平板振捣器振捣。当混凝土虚铺一定工作面后，用平板振捣器振捣。振捣方向应与浇筑方向垂直。由于楼板的厚度一般在 10 cm 以下，振捣一遍即可密实。但通常为使混凝土板面更平整，可将平板振捣器再快速拖拉一遍，拖拉方向与第一遍的振捣方向垂直。

第八章　装饰工程及其施工技术

　　建筑装饰指建筑饰面，指为了人们视觉要求对建筑主体结构的保护作用而进行的艺术处理及加工，包括抹灰、饰面、玻璃、涂料、裱糊、刷浆、花饰等工程，是房屋建筑施工的最后一个施工工程，具有工程量大、施工工期长、耗用劳动量多、占建筑物总造价高等特点。

第一节　抹灰工程及其施工技术

　　抹灰工程是一种传统的装饰方法，它使用灰浆在房屋的墙壁、地板、天花板和表面进行涂抹。抹灰工程涵盖了常规抹灰以及装饰性抹灰的施工过程。通常所说的抹灰包括石灰砂浆、水泥混合砂浆、水泥砂浆、聚合物水泥砂浆、膨胀珍珠岩水泥砂浆，以及麻刀石灰、纸筋石灰和石膏灰等不同类型的抹灰。通常情况下，内墙的抹灰是适用的，但水泥混合砂浆、水泥砂浆和聚合物水泥砂浆抹灰同样可以应用于外墙的抹灰工作；装饰性抹灰的定义包括其表层材料如水刷石、水磨石、斩假石、干粘石、假面砖、拉条灰、洒毛灰、喷砂、喷涂、滚涂、弹涂、仿石以及彩色抹灰等。装饰性的抹灰主要用于外部墙面，但水磨石和彩色抹灰同样适用于内部墙面的抹灰工作。

一、一般抹灰施工

　　一般抹灰工程施工工艺包括墙面抹灰和顶板抹灰。

　　墙面抹灰：基层处理→弹线、找规矩、套方→贴饼、冲筋→做护角→抹底灰→抹罩面灰→抹水泥灰窗台板→抹墙裙、踢脚。

顶板抹灰：基层处理→弹线、找规矩→抹底灰→抹中层灰→抹罩面灰。

（一）内墙一般抹灰

1. 找规矩

四角找方、横线找平、竖线吊直，弹出顶棚、墙裙及踢脚板线。根据设计，如果墙面另有造型时，按图纸要求实测弹线或画线标出。

2. 做标筋

较大面积墙面抹灰时，为了控制设计要求的抹灰层平均总厚度尺寸，先在上方两角处以及两角水平距离之间 1.5 m 左右的必要部位做灰饼标志块。可采用底层抹灰砂浆，或是采用横向水平冲筋，横向水平冲筋较有利于控制大面与门窗洞口在抹灰过程中保持平整。

3. 做护角

为防止门窗洞口及墙（柱）面阳角部位的抹灰饰面在使用中容易被碰撞损坏，应采用 1:2 水泥砂浆抹制暗护角，以增加阳角部位抹灰层的硬度和强度。护角部位的高度不应低于 2 m，每侧宽度不应小于 50 mm。

4. 底、中层抹灰

在标筋及阳角的护角条做好后，在墙面标筋之间即可进行底层和中层抹灰。底层抹灰凝结后再进行中层抹灰，厚度略高出标筋，然后用刮杠按标筋整体刮平。待中层抹灰面全部刮平时，再用木抹子搓抹一遍，使表面密实、平整。

5. 面层抹灰

待中层砂浆达到凝结程度，即可抹面层，面层抹灰必须保证平整、光洁、无裂痕。

（二）外墙一般抹灰

1. 找规矩

建筑外墙面抹灰同内墙抹灰一样要设置标筋，但因为外墙面自地坪到檐口的整体灰面过大，门窗、雨篷、阳台、明柱、腰线、勒脚等都要横平竖直，而抹灰操作必须是自上而下逐一步架地顺序进行，因此，外墙抹灰找规矩须在四大角先挂好垂直通线，然后于每步架大角两侧选点弹控制线、拉水平通线，再根据抹灰层厚度要求做标志块灰饼以及抹制标筋。

2. 贴分格条

大面积外墙抹灰饰面，为避免罩面砂浆收缩后产生裂缝等不良现象，一般均设计有分格缝，分格缝同时具有美观的作用。

3. 抹灰

目前采用较多的为水泥砂浆，配合比通常为水泥:砂=1:（2.5～3）。

（三）顶棚一般抹灰

1. 弹线、找规矩

根据标高线，在四周墙上弹出靠近顶板的水平线，作为顶板抹灰的水平控制线。

2. 抹底灰

先将顶板基层润湿，然后刷一道界面剂，随刷随抹底灰。底灰一般用 1:3 水泥砂浆（或 1:0.3:3 水泥混合砂浆），厚度通常为 3～5 mm。以墙上水平线为依据，将顶板四周找平。抹灰时须用力挤压，使底灰与顶板表面结合紧密。最后用软刮尺刮平，木抹子搓平、搓毛。局部较厚时，应分层抹灰找平。

3. 抹中层灰

抹底灰后紧跟着抹中层灰以保证中层灰与底灰黏结牢固。先从板边开始，用抹子顺抹纹方向抹灰，用刮尺刮平，木抹子搓毛。

4. 抹罩面灰

罩面灰采用 1:2.5 水泥砂浆（或 1:0.3:2.5 水泥混合砂浆），厚度为 5 mm 左右。待中层灰约六七成干时在表面上薄薄地刮一道聚合物水泥浆，紧接着抹罩面灰，用刮尺刮平，再用铁抹子抹平压实压光，使其黏结牢固。

二、装饰抹灰施工

装饰抹灰主要包括水刷石、斩假石、干粘石和假面砖等项目，如若处理得当并精工细作，其抹灰层既能保持与一般抹灰的相同功能，又可取得独特的装饰艺术效果。

（一）水刷石装饰抹灰

1. 底、中层抹灰：应按设计规定，一般多采用 1:3 水泥砂浆进行底、中层抹灰，总厚度约为 12 mm。

2. 水刷石面层施工：抹水泥石粒浆之前，要等待中层砂浆凝结硬化后，按设计要求弹分格线并粘贴分格条，然后根据中层抹灰的干燥程度适当洒水湿润，用铁抹子满刮水灰比为 0.37～0.40（内掺适量的胶黏剂）的聚合物水泥浆一道，随即抹面层水泥石粒浆。

3. 喷水冲刷：冲水是确保水刷石饰面质量的重要环节之一，如冲洗不净会使水刷石表面色泽晦暗或明暗不一。当罩面层凝结（表面略有发黑，手感稍有柔软但不显指痕），用刷子刷扫石粒不掉时，即可开始喷水冲刷。喷刷分两遍进行，第一遍先用软毛刷蘸水刷掉面层水泥浆露出石粒；第二遍随即用喷浆机或喷雾器将四周相邻部位喷湿，然后由上往下顺序喷水。喷射要均匀，喷头距墙面 100～200 mm，将面层表面及石粒间的水泥浆冲出，使石粒露出表面 1/3～1/2 粒径，达到清晰可见。冲刷时要做好排水工作，使水不会直接顺墙面流下。

4. 喷刷完成后即可取出分格条，刷光并清理干净分格缝，并用水泥浆勾缝。

（二）斩假石装饰抹灰

斩假石又称剁斧石，是在水泥砂浆抹灰中层上涂抹水泥石粒浆，待其硬化后用剁斧、齿斧及钢凿等工具剁出有规律的纹路，使之具有类似经过雕琢的天然石材的表面形态，即为斩假石（凿假石）装饰抹灰饰面。所用施工工具除一般抹灰常用工具外，尚须备有剁斧（斩斧）、单刃或多刃斧、花锤（棱点锤）、钢凿和尖锥等

第二节　饰面安装及其施工技术

饰面工程是在墙、柱表面镶贴或安装具有保护和装饰功能的块料而形成的饰面层。块料的种类分为饰面砖和饰面板两大类。

一、饰面砖施工

饰面砖一般在基层上进行粘贴，包括釉面瓷砖、外墙面砖、陶瓷锦砖和玻璃马赛克等。

（一）内墙釉面瓷砖施工

施工工艺：基层处理→抹底子灰→弹线、排砖→贴标志块→选砖、浸砖→镶贴面砖→面砖勾缝、擦缝及清理。

施工注意事项：

1. 基层处理好后，用 1:3 水泥砂浆或 1:1:4 的混合砂浆打底，打底时要分层进行，每层厚度宜为 5～7 mm，总厚度一般为 10～15 mm，以能找平为准。

2. 排砖时水平缝应与门窗口齐平，竖向应使各阳角和门窗口处为整砖。

3. 为了控制表面平整度，正式镶贴前，在墙上粘废釉面瓷砖作为标志块，上下用靠尺板靠直，作为粘贴厚度的依据。

4. 面砖镶贴前，应挑选颜色、规格一致的砖。将面砖清扫干净，放入净水中浸泡 2 h 以上，取出待表面晾干或擦干净后方可使用。阴干时间通常为 3～5 h。

5. 铺贴釉面瓷砖宜从阳角开始，先大面，后阴阳角和凹槽部位，并由下向上、由左往右逐层粘贴。

6. 墙面釉面瓷砖用白色水泥浆擦缝，用布将缝内的素浆擦均匀。

（二）外墙面砖施工

施工工艺：基层处理→抹底子灰→弹线分格、排砖→浸砖→贴标准点→镶贴面砖→面砖勾缝、清理。

施工注意事项：

1. 清理墙、柱面，将浮灰和残余砂浆及油渍冲刷干净，再充分浇水润湿，并按设计要求涂刷结合层，再根据不同基体进行基层处理，处理方法同一般抹灰工程。

2. 打底时应分两层进行，每层厚度不应大于 9 mm，以防空鼓，设计无要求时底灰总厚度一般为 10～15 mm。第一遍抹后扫毛，待六七成干时，可抹第二遍，随即用木杠刮平，木抹搓毛，终凝后浇水养护。

3. 排砖时水平缝应与门窗口平齐，竖向应使各阳角和门窗口处为整砖。

4. 浸砖，与内墙釉面瓷砖相同。

5. 在镶贴前，应先贴若干块废面砖作为标志块，上下用靠尺板靠直，作为粘贴厚度的依据。

6. 找平层经检验合格并养护后，宜在表面涂刷结合层，这样有利于满足强度要求，提高外墙饰面砖粘贴质量。

7. 镶贴应自上而下进行。

8. 勾缝应用水泥砂浆分皮嵌实，并宜先勾水平缝，后勾竖直缝。

二、饰面板施工

饰面板包括石材饰面板、金属饰面板、塑料饰面板、镜面玻璃饰面板等。

（一）石材饰面板施工

石材饰面板一般采用相应的连接构造进行安装，对薄型小规格块材，可采用粘贴方法安装。

粘贴方法施工工艺：基层处理→抹底层灰、中层灰→弹线分格→选料、预排→石材粘贴→嵌缝、清理→抛光打蜡。

粘贴石材一般用环氧树脂胶，先将胶分别涂抹在墙柱面和板块背面上，刷胶要均匀饱满，然后准确地将板块粘贴于墙上。石材也可用灰浆粘贴，将厚度为 2～3 mm 的素水泥浆抹在已湿润的块材上直接进行镶贴。

（二）金属饰面板施工

对于小面积的金属饰面板墙面可采用胶粘贴法施工，胶粘贴法施工时可采用木质骨架。先在木骨架上固定一层细木工板，以保证墙面的平整度与刚度，然后用建筑胶直接将金属饰面板粘贴在细木工板上。粘贴时建筑胶应涂抹均匀，使饰面板黏结牢固。

面积较大的金属饰面板一般通过卡条、螺栓或自攻螺丝等安装在承重骨架上，骨架通过固定及连接件与基体牢固相连。其施工工艺流程一般如下：放线→饰面板加工→埋件安装→骨架安装→骨架防腐→保温、吸音层安装→金属饰面板安装→板缝打胶→板面清洁

第三节 裱糊工程及其施工技术

一、裱糊材料

裱糊工程的核心是利用胶黏剂将壁纸和墙布粘贴到结构的基层表面。壁纸和墙布因其丰富的图案和花纹以及鲜艳的色彩，使得室内装饰显得更加豪华、美观、富有艺术感和雅致。

在裱糊工程中，经常使用的材料包括普通壁纸、塑料壁纸、玻璃纤维墙布、无纺墙布和胶黏剂。传统的壁纸基于纸质，具有良好的透气性且价格经济实惠，但由于其不耐水和容易断裂的特性，已经很少被使用。塑料壁纸的制作过程是：先以纸作为基底，然后涂上高分子乳液作为表层，接着经过印

花、压纹等多种工艺步骤。玻璃纤维墙布是以玻璃纤维布作为基底，并在其表面涂抹耐磨树脂，然后通过印刷和压制形成多彩的图形、图案或浮雕。无纺墙布由棉、麻等天然纤维或涤、腈等合成纤维制成，经过无纺成型、上树脂、印压彩色花纹和图案，最终成为一种高级的装饰墙布。

塑料壁纸、玻璃纤维墙布和无纺墙布是在内墙装饰中广泛使用的材料，它们具备可擦洗、耐光、耐老化、颜色持久、无毒和施工简便等优点。此外，这些材料的花纹和图案丰富且有质感，非常适合粘贴在抹灰层、混凝土基层、纤维板、石膏板和胶合板的表面。

二、施工方法

壁纸和墙布的裱糊工艺过程为：基层处理→弹垂直线→裁切壁纸（墙布）、闷水→涂刷胶黏剂→上墙、裱糊→赶压胶黏剂、气泡→修整清理。

（一）基层处理

在裱糊工程中，基体或基层必须保持干燥状态，同时混凝土和抹灰层的水分含量不应超过 8%，而木材制品的水分含量也不应超过 12%。在进行裱糊之前，必须确保基材或底层表面的污渍和尘埃被彻底清除。对于泛碱的区域，建议使用 9%的稀醋酸进行中和和清洁。当需要移除突出于基层表面的设备或配件时，钉帽应当深入基层，并涂上防锈涂料，而钉孔则应使用油性腻子进行填充。在处理局部的麻点、缝隙等问题时，首先需要刮上腻子，接着使用砂纸将其打磨至平滑。为了避免基层过快地吸收水分，在裱糊之前，我们使用 1:1 的聚合物水溶液等材料作为底胶涂抹在基层上，这样可以封闭墙面，为壁纸的粘贴提供一个粗糙的表面。当底胶完全干燥后，我们会根据房间的尺寸、门窗的位置、壁纸的宽度和图案的完整性来进行弹线。从墙的阳角开始，使用壁纸的宽度弹垂直线作为裱糊时的操作准线。

（二）裁纸、闷水和刷胶

壁纸粘贴前应进行预拼试贴，以确定裁纸尺寸，使接缝花纹完整、效果良好。裁纸应根据弹线实际尺寸统筹规划，并编号按顺序粘贴壁纸，一般以墙面高度进行分幅拼花裁切，并注意留有 20～30 mm 的余量。裁切时要用尺子压紧壁纸，刀刃紧贴尺边，一气呵成，使壁纸边缘平直整齐，不得有纸毛和飞刺现象。

塑料壁纸有遇水膨胀、干燥后自行收缩的特性，因此，应将裁好的壁纸放入水槽中浸泡 3～5 min，取出后把明水抖掉，静置 10 min 左右，使纸充分吸湿膨胀，然后在墙面和纸背面同时刷胶进行裱糊。

胶黏剂要求涂刷均匀，不漏刷。在基层表面涂刷胶黏剂应比壁纸宽 20～30 mm，涂刷一段，按压裱糊一张，不应涂刷过厚。如用背面带胶的壁纸，则只需在基层表面涂刷胶黏剂。

（三）裱糊

壁纸和墙布上墙裱糊时，对须重叠对花的，应先裱糊对花，后用钢直尺对齐裁下余边；对直接对花的，直接裱糊。裱糊中赶压气泡时，对于压延壁纸可用钢板刮刀刮平；对于发泡及复合壁纸只可用毛巾、海绵或毛刷赶平。裱糊好的壁纸或墙布经压实后，及时擦去挤出的胶黏剂，表面不得有气泡、斑污等。

裱糊工程完工并干燥后，即可验收。检查数量为选择有代表性的自然间，抽查 10%，但不得少于 3 间。质量要求粘贴牢固，表面平整，无气泡空鼓，各幅拼接横平竖直，拼接处花纹图案吻合，距墙面 1.5 m 处正视，不显拼缝。

参考文献

[1] 刘臣光. 建筑施工安全技术与管理研究［M］. 北京：新华出版社，2021.

[2] 蒋凤昌，周桂香. 金融服务区建筑群的设计、施工与管理［M］. 上海：同济大学出版社，2020.

[3] 裘敏浩，佘勇. 建筑工程 CAD［M］. 3 版. 北京：北京理工大学出版社，2021.

[4] 李明君，董娟，陈德明. 智能建筑电气消防工程［M］. 重庆：重庆大学出版社，2020.

[5] 蒋凤昌. 梅花形建筑的建造关键技术［M］. 上海：同济大学出版社，2020.

[6] 杨娜. 从理论到实践建筑工程管理策略探究［M］. 长春：吉林科学技术出版社，2023.

[7] 常路彪，黄振鄂，李棕枫. 建筑工程安全管理［M］. 哈尔滨：哈尔滨工程大学出版社，2023.

[8] 马骥，宋继鹏，杜书源. 建筑结构设计与工程管理［M］. 长春：吉林科学技术出版社，2023.

[9] 郑培清，王鹏，孟令建. 建筑结构工程与施工管理［M］. 哈尔滨：哈尔滨出版社，2023.

[10] 王晋，黎新，刘丽霞. 建筑结构设计与工程管理［M］. 长春：吉林科学技术出版社，2023.

[11] 徐芝森，张晓玉，王洪娟. 建筑工程施工与项目管理［M］. 汕头：汕

头大学出版社，2023.

［12］阿天林. 建筑工程管理与实务［M］. 沈阳：辽宁科学技术出版社，2022.

［13］张雷，金建平，解国梁. 建筑工程管理与材料应用［M］. 长春：吉林科学技术出版社，2022.

［14］胡广田. 智能化视域下建筑工程施工技术研究［M］. 西安：西北工业大学出版社，2022.

［15］史华. 建筑工程施工技术与项目管理［M］. 武汉：华中科技大学出版社，2022.

［16］赵爱波. 建筑工程与施工技术研究［M］. 长春：吉林科学技术出版社，2022.

［17］肖义涛，林超，张彦平. 建筑施工技术与工程管理［M］. 长春：吉林人民出版社，2022.

［18］朱江，王纪宝，詹然［M］. 长春：吉林科学技术出版社，2022.

［19］张素萍. 建筑工程施工技术管理的优化策略［J］. 建材与装饰，2024（13）：112-114.

［20］胡宝堂. 建筑工程施工技术浅析［J］. 建筑与装饰，2022（8）：166-168.

［21］孙波，李璐，孙昭晖. 加强建筑工程施工技术管理的思考［J］. 中国房地产业，2024（24）：158-161.

［22］梁静. 浅析建筑工程施工技术控制要点［J］. 建材与装饰，2024（20）：61-63.

［23］于祥，马铭. 建筑工程施工技术应用与创新［J］. 科技资讯，2024（15）：126-128.

［24］宁道全，刘飞. 建筑工程施工技术质量管控研究［J］. 房地产导刊，2024（12）：37-39.

［25］邹强. 房屋建筑工程管理存在的问题及策略［J］. 大科技，2024（13）：22-24.

［26］张楠. 建筑工程管理与绿色建筑工程管理研究［J］. 建筑与装饰，2022

（11）：79-81.

[27] 邹多懋. 建筑工程管理与绿色建筑工程管理[J]. 环球市场，2020（17）：336，369.

[28] 宋绍波. 关于建筑工程管理与绿色建筑工程管理分析[J]. 建筑与装饰，2022（16）：85-87.

[29] 李硕硕. 建筑工程管理与绿色建筑工程管理的探讨［J］. 城市建设理论研究（电子版），2023（15）：20-22.

[30] 柴卫卫. 关于建筑工程管理与绿色建筑工程管理分析［J］. 城市建设理论研究（电子版），2023（20）：33-35.